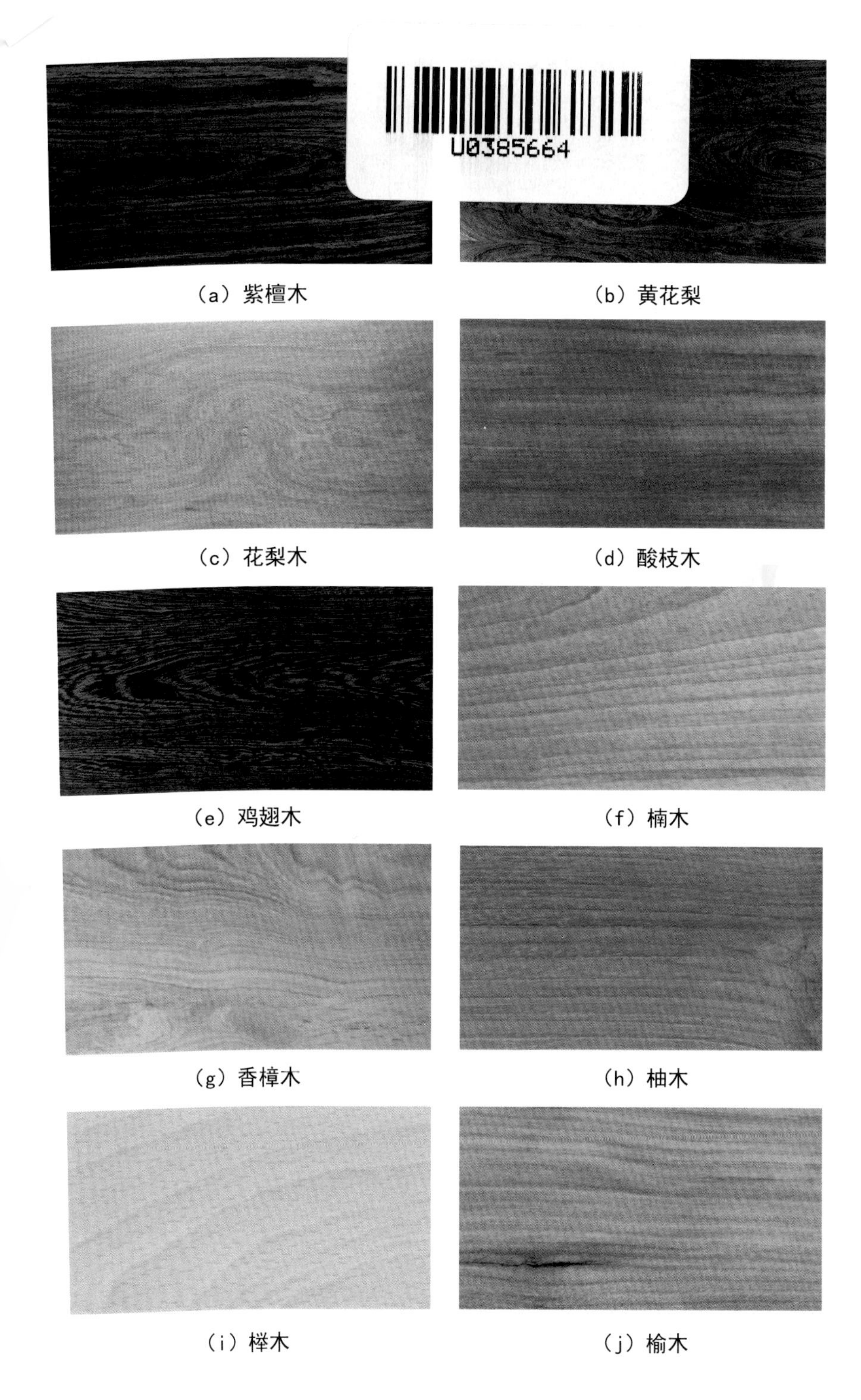

（a）紫檀木
（b）黄花梨
（c）花梨木
（d）酸枝木
（e）鸡翅木
（f）楠木
（g）香樟木
（h）柚木
（i）榉木
（j）榆木

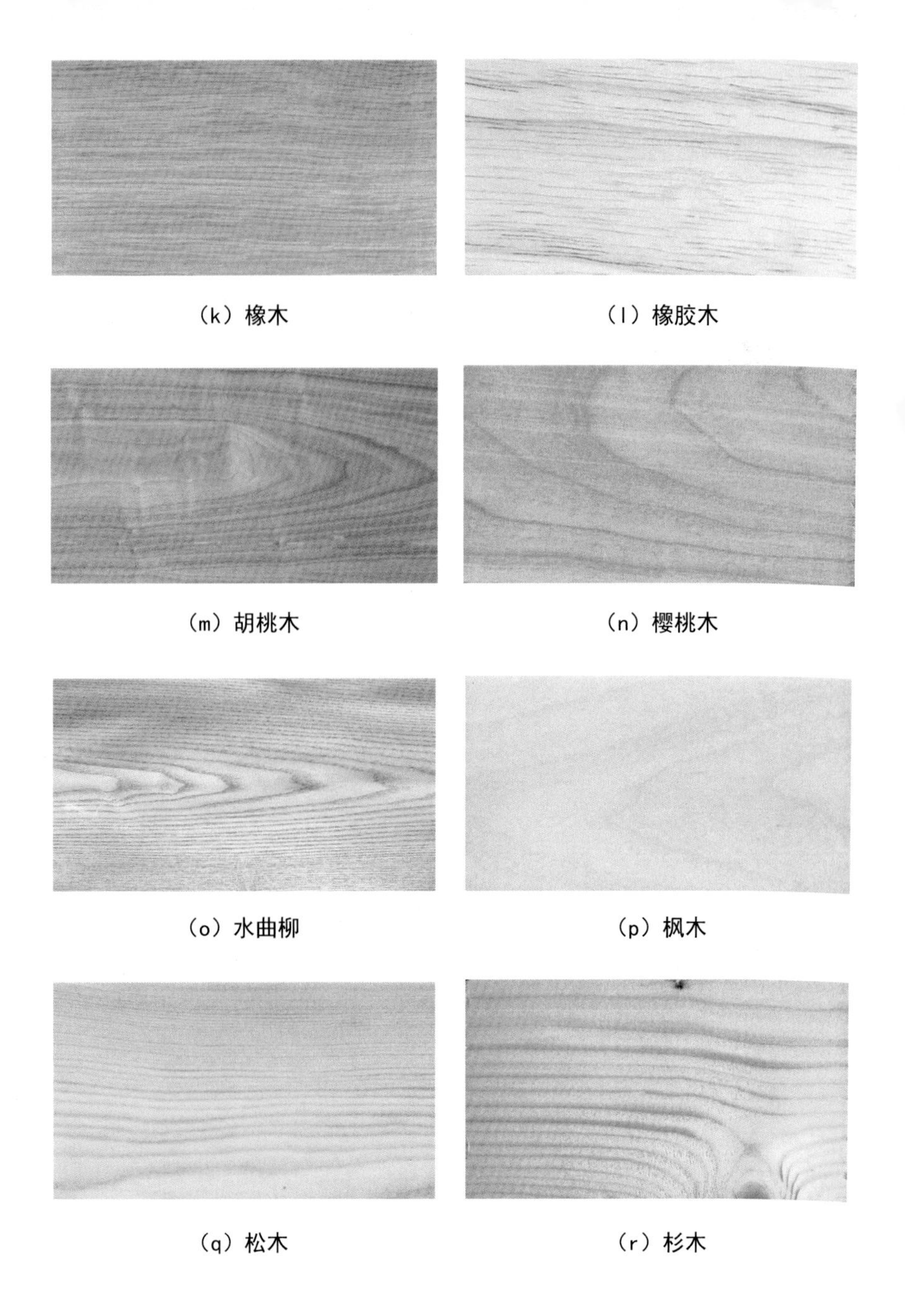

（k）橡木

（l）橡胶木

（m）胡桃木

（n）樱桃木

（o）水曲柳

（p）枫木

（q）松木

（r）杉木

彩图2-1　常用木材树种

SHINEI

室内装饰装修操作技能培训用书

ZHUANGSHI ZHUANGXIU

室内装饰装修

精细木工

傅元宏 主编

洪斯君 傅 俊 副主编

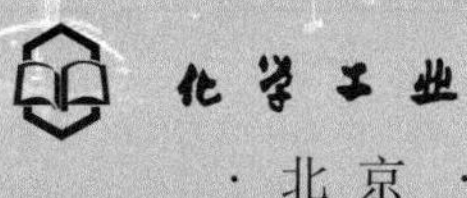

化学工业出版社

·北京·

本书是《室内装饰装修操作技能培训用书》系列图书之一，通过对室内装饰装修精细木工职业技能岗位标准的分析，根据室内装饰装修工程中精细木工施工的基本要求，结合编者多年来的装饰工程施工管理和教学经验，对精细木工基础知识、常用材料、木工工具、木结构技术、施工工艺、木作工程质量通病与防治、木工安全操作与职业健康做了详细的讲解。本书在编写过程中，尽量采用实际工程照片和节点图，力求图文并茂，使读者能直观易懂地掌握精细木工的施工技能，适用面宽、实用性强。

本书适合从事室内装饰装修行业的精细木工和业主阅读，也可供装饰施工现场技术人员参考，还可供相关学校作为培训教材使用。

图书在版编目（CIP）数据

室内装饰装修精细木工/傅元宏主编. —北京：化学工业出版社，2015.9（2023.4 重印）
室内装饰装修操作技能培训用书
ISBN 978-7-122-24636-3

Ⅰ.①室… Ⅱ.①傅… Ⅲ.①室内装饰-工程装修-细木工-技术培训-教材 Ⅳ.①TU759.5

中国版本图书馆 CIP 数据核字（2015）第 161423 号

责任编辑：彭明兰　　装帧设计：刘丽华
责任校对：王　静

出版发行：化学工业出版社（北京市东城区青年湖南街 13 号　邮政编码 100011）
印　　装：北京天宇星印刷厂
850mm×1168mm　1/32　印张 9½　彩插 1　字数 252 千字
2023 年 4 月北京第 1 版第 12 次印刷

购书咨询：010-64518888　　售后服务：010-64518899
网　　址：http://www.cip.com.cn
凡购买本书，如有缺损质量问题，本社销售中心负责调换。

定　　价：36.00 元

《室内装饰装修操作技能培训用书》编写指导委员会

序

随着我国经济的快速发展和人民生活水平的不断提高，人们对居住质量的要求也在不断提高，建筑装饰业得到了迅猛发展。目前，建筑装饰企业一些施工技术岗位仍由没有受过专门教育、仅仅经过短期岗位培训的人员组成，已经严重制约了建筑装饰业的发展，工人技术水平急需提升。为了满足市场的广大需求，特组织相关建筑装饰行业企业专家，并联合高校专业教师共同编写“室内装饰装修操作技能培训用书”。

本套图书由杭州科技职业技术学院艺术学院牵头，以浙江省知名企业为依托，联合九鼎装饰股份有限公司、浙江中天装饰集团有限公司、浙江亚厦装饰股份有限公司等知名装饰装修企业，汇集装饰装修工程技术、设计人员共同编写而成。丛书的编写承蒙化学工业出版社的支持，浙江省建筑装饰知名企业及高校专业教师的鼎力合作，经历一段时间的酝酿，于2013年年初成立编委会，确定每本书的主要作者，其后，又经过几次主要编写人员的商讨，最终确定整套图书的编写风格、各本书的重点内容及相互之间的内容衔接，以保证整体图书内容的完整和风格的统一。

本套图书根据建筑装饰工程施工的基本要求，按照室内装饰装修镶贴工、室内装饰装修水电工、室内装饰装修精细木工、室内装饰装修涂裱工四个主要工种，分四册编写成书。文稿组织以装饰装修实际工程案例为背景，结合作者多年来的工程施工技术和教学经验编写而成。

整套图书结合国家规范，用通俗易懂的文字、详细必要的图表，配以实际工程图片，详细讲解建筑装饰装修工程施工人员必备的专业知识、技能和操作要领。比如通过对室内装饰镶贴工职业岗位标准的基本认知和镶贴内容及分类介绍，镶贴材料和工具详细讲解，施工过程中各环节的操作要领及标准流程进行剖析，可以使使用者方便快捷地查询到所需内容。整套丛书形成通俗易懂、图文并茂、适用面宽、实用性强等特点，可供从事建筑装饰装修行业的设计人员、施工人员及操作工人使用，可作为装饰行业企业员工培训教程，也可以作为高职高专院校建筑装饰工程技术类专业的实践教学辅导使用。

鉴于建筑装饰行业发展迅速，新材料、新工艺层出不穷，行业技术标准也在不断更新，室内装饰装修各工种的技术水平和要求也在不断提高，因此，我们也恳切地希望广大同仁能对我们的工作提出宝贵的意见和建议。愿本套图书的出版能够为充满生机的装饰装修行业的蓬勃发展贡献一份力量。

刘淑婷

2014年4月

前言

随着我国经济的快速发展和人民生活水平的不断提高，人们对居住质量的要求也在不断提高，室内装饰装修行业也得到了迅猛发展。行业的发展也带动着相关从业人员人数的激增，相关专业人员的专业水平高低也直接关系到装饰装修的质量好坏。本书是《室内装饰装修操作技能培训用书》系列图书之一，通过对室内装饰装修精细木工职业技能岗位标准的分析，根据室内装饰装修工程中精细木工施工的基本要求，结合编者多年来的工程施工管理和教学经验，对精细木工基础知识、常用材料、木工工具、木结构技术、施工工艺、木作工程质量通病与防治、木工安全操作与职业健康做了详细的讲述。本书在编写过程中，尽量采用实际工程照片和节点图，力求图文并茂，使读者能直观易懂地掌握精细木工施工技能，适用面宽、实用性强。

本书由浙江中天装饰集团有限公司总工程师傅元宏主编、九鼎装饰股份有限公司宁波公司副总经理洪斯君和浙江中天装饰集团有限公司项目部技术负责人傅俊担任副主编，参与编写的还有何静姿、王宝东、刘淑婷、楼锦其、朱钱斌、李小平、王甲铭。

本书照片取自浙江中天装饰集团有限公司项目工地，部分取自有关材料和设备厂家。 在编写工程中也得到了有关领导和同行的支持及帮助，参考了一些专著书刊，在此一并表示感谢！

装饰装修行业发展迅速，新材料、新工艺层出不穷，行业技术标准也在不断更新，由于编者水平有限，加之时间仓促，书中不妥之处在所难免，恳请广大读者批评指正，以便我们更进一步地改进和完善，不胜感激。

编　者

2015 年 5 月

目录

>>> 第1章 装饰装修精细木工基础知识

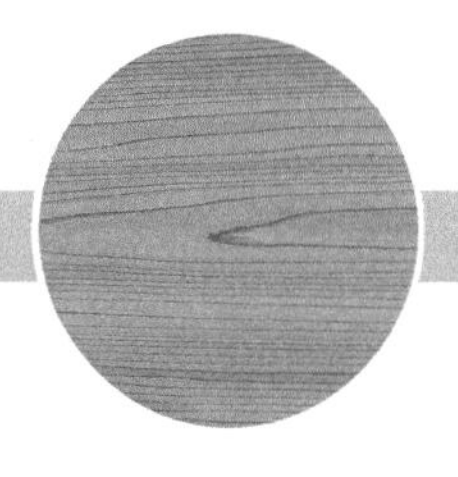

>>> 第2章 装饰装修精细木工常用材料

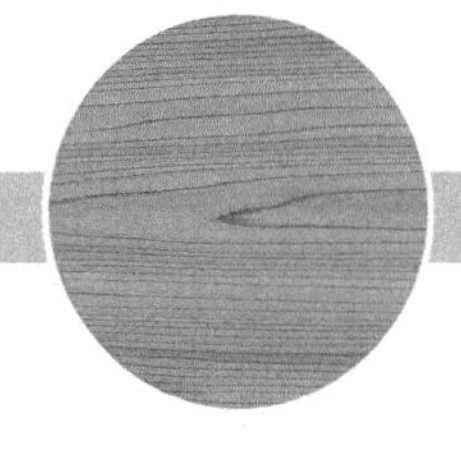

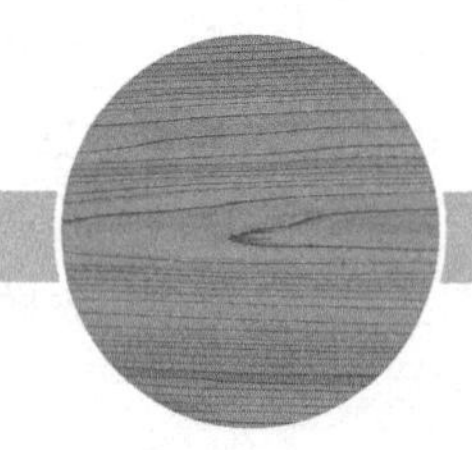

第3章 装饰装修精细木工工具

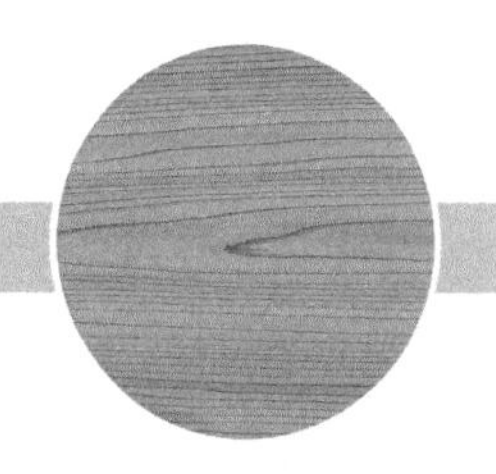

>>> 第4章　装饰装修木结构技术

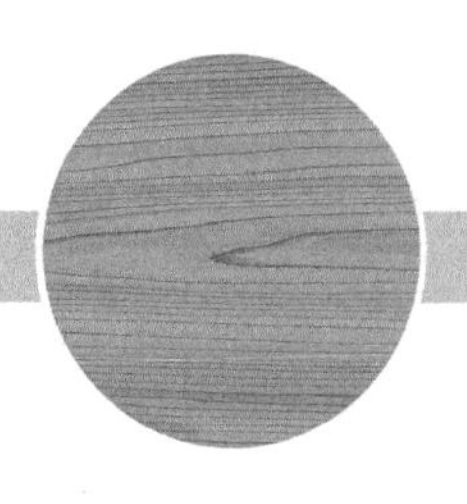

>>> 第5章　装饰装修精细木工施工工艺

>>> 第 6 章 装饰装修木作工程质量通病与防治

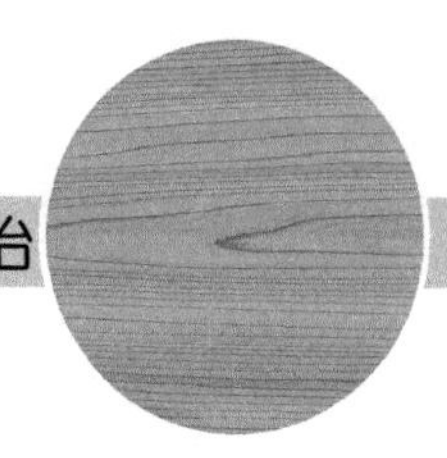

第7章 装饰装修精细木工安全操作与职业健康

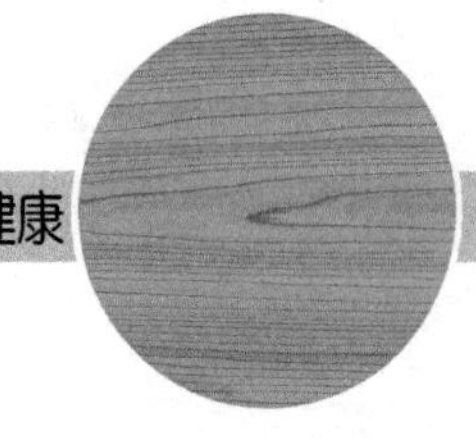

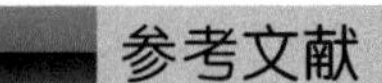

参考文献

第1章

装饰装修精细木工基础知识

建筑内部装饰工程简称室内装饰装修工程，是为了改善室内的使用条件，美化空间，营造一个舒适、整洁的生活环境。建筑内部装饰包括顶面、墙柱面、地面的木作工程及配套细木木制品工程，装饰装修精细木工在室内装饰装修工程施工中涉及的内容，往往属于一个大项目，其工艺水平好坏，直接影响建筑内部装饰工程的效果。

装饰装修精细木工已不是传统意义上的房屋建造木工和家具制作木工，而是除了应具备这些知识外，还应了解更多的现代化装饰装修知识，涵盖的范围更为广泛，并能将这些新老知识融会贯通。

对于现今从事装饰装修精细木工的从业人员来说，要了解职业技能岗位标准要求，从中掌握识图规律，现场测量及放样，了解工程界表述语言。

1.1 装饰装修精细木工岗位要求

1.1.1 装饰装修精细木工职业概况

职业名称：装饰装修精细木工。

职业定义：在建筑装饰装修中，按设计要求对木制品进行制作、安装及维修。

技能等级：按照国家职业资格等级划分的规定分为五级，分别为：初级工（职业资格五级）、中级工（职业资格四级）、高级工（职业资格三级）、木工技师（职业资格二级）、高级技师（职业资格一级）。

1.1.2 装饰装修精细木工职业基本要求

1.1.2.1 职业道德要求

在建筑装饰装修行业从业的生产操作人员，均应具备以下相应的职业道德要求。

遵守法律、法规、国家的各项政策，各项安全技术操作规程及本行业、本单位的规章制度。以“八荣八耻”为基本道德准则，热爱本职工作，兢兢业业，团结协作，忠于职守。树立质量第一、用户至上的理念，在工作中严格按照操作规范和工艺标准实施，做到社会满意、用户满意、企业满意；全面落实科学发展观，坚持文明施工，保持环境整洁；坚持安全生产，保证人民的生命财产安全；刻苦钻研技术，提升创新能力；学习相关理论，做到一专多能。

1.1.2.2 职业技能等级规定

建筑装饰装修行业职业技能各等级应符合以下相应的规定。

① 初级工（职业资格五级） 应能运用基本技能独立完成本职业的常规工作；能识别常见的建筑装饰装修材料；能够操作简单的机械设备并进行例行保养。

② 中级工（职业资格四级） 应能熟练运用基本技能独立完成本职业的常规工作；能运用专门技能独立或与他人合作完成技术较为复杂的工作；能区分常见的建筑装饰装修材料；能操作简单的机械设备及进行一般的维修。

③ 高级工（职业资格三级） 应能熟练运用基本技能和专门技能完成较为复杂的工作，包括完成部分非常规性工作；能独立处理工作中出现的问题；能指导和培训初、中级技工；能按照设计要

求，选用合适的建筑装饰装修材料；能操作较为复杂的机械设备及进行一般的维修。

④ 木工技师（职业资格二级）　应能熟练运用专门技能和特殊技能完成复杂的、非常规性的工作；掌握本职业的关键技术技能，能独立处理和解决技术或工艺难题；在技术技能方面有创新；能指导和培训初、中、高级技工；具有一定的技术管理能力；能按照用户要求，选用合适的建筑装饰装修材料；能操作复杂的机械设备及进行一般的维修。

⑤ 高级技师（职业资格一级）　能熟练运用专门技能和特殊技能在本职业的各个领域完成复杂的、非常规性工作；熟练掌握本职业的关键技术技能；能独立处理和解决高难度的技术问题或工艺难题；在技术攻关和工艺革新方面有创新；能组织开展技术改造、技术革新活动；能组织开展系统的专业技术培训；具有技术管理能力。

1.1.3　装饰装修精细木工职业技能等级知识与操作要求

1.1.3.1　初级工

(1) 知识要求

① 看懂装饰木作工程施工图及节点详图做法。

② 了解常用木材、人造板性能和用途，木材的防火、防蛀、防潮、防腐、干燥方法。

③ 了解装饰装修工程用木材的含水率要求，防止木制作变形的一般方法。

④ 掌握常用胶黏剂的性能、使用和保管方法。

⑤ 掌握普通吊顶工程施工的一般规定。

⑥ 掌握普通木门窗套的制作方法。

⑦ 掌握木制作挂装拼缝及一般榫头的制作方法。

⑧ 掌握普通地板、踢脚板安装的方法。

⑨ 掌握常用木工机械的使用以及常见故障排除方法。

⑩ 了解木工施工的安全技术操作规程、质量要求及相关配套标准。

⑪ 掌握木工检测工具的使用方法。

(2) 操作要求

① 正确使用水平尺与线坠进行找平、吊线和弹线。

② 对自用手工工具修、磨、拆、装，会使用与维护常用木工机械。

③ 独立锯料、刨料、打眼、开榫、起槽、裁口等。

④ 制作、安装一般木门窗。

⑤ 制作窗帘盒、窗台板等。

⑥ 安装木制龙骨、轻钢龙骨石膏板等。

⑦ 安装一般门锁、五金配件。

⑧ 安装木线、踢脚板、普通地板。

⑨ 正确使用常用电动工具及制作简单手工工具。

1.1.3.2 中级工

(1) 知识要求

① 能看懂较复杂的装饰施工图。

② 掌握木结构的一般知识。

③ 掌握木楼梯、栏板和扶手弯头的制作方法。

④ 掌握复杂门、窗的制作方法和步骤。

⑤ 掌握艺术吊顶龙骨和罩面板安装的方法。

⑥ 掌握各种黏结材料的性能和使用方法。

⑦ 掌握水准仪的基本原理和使用维护方法。

⑧ 掌握软包墙面、玻璃隔断、木折叠隔断的制作与安装方法。

⑨ 具有班组管理能力和协调能力。

(2) 操作要求

① 依照图纸进行施工测量放线、放大样。

② 制作、安装格子玻璃门窗、百叶门窗、双扇弹簧门、暗推

拉门窗、圆形门窗。

③ 制作、安装顶棚、反光灯槽、护墙板、木楼梯、栏板、弯头。

④ 排、铺条形木席纹地板、复合地板、防静电活动地板等。

⑤ 能按图计算工料。

⑥ 掌握各分项工程自检、互检及交接检工作。

⑦ 安装各种饰面板的木护墙、墙裙，并对饰面板的颜色、花纹作调整和拼接。

1.1.3.3　高级工

（1）知识要求

① 能看懂复杂的装饰施工图及节点详图。

② 了解新材料的物理与化学性能知识和使用要求。

③ 掌握木制自动门、旋转门的安装方法。

④ 掌握特殊门窗的制作方法。

⑤ 了解国家现行有关标准和规定，对装饰装修工程所用材料的品种、规格、性能应符合设计的要求。

⑥ 了解古建筑的木装修施工工艺。

⑦ 掌握本工种质量要求及预防质量通病和处理方法。

⑧ 掌握螺旋形楼梯、栏杆与扶手的制作工艺和方法。

⑨ 掌握各种格扇和挂落制作方法。

⑩ 了解新技术、新材料、新工艺和新设备的有关信息。

（2）操作要求

① 制作、安装螺旋形楼梯和木楼梯栏杆与扶手。

② 制作、安装各种形式的格扇（如乱冰纹、花椒眼、灯笼心等）。

③ 安装、制作一般木模型。

④ 处理、协调工序之间的配合。

⑤ 参与编制本工种施工方案并组织施工。

⑥ 对初、中级工进行示范操作、传授技能。

1.1.3.4 木工技师

(1) 知识要求

① 看懂复杂工程构造图、绘制大样图。

② 掌握大样图节点的绘制方法。

③ 掌握复杂木装修施工工艺卡的编制要求。

④ 了解仿古装饰中部品的榫卯结构。

⑤ 了解仿古花饰制品制作方法。

⑥ 掌握复杂木装修放大样及样板的制作方法。

⑦ 掌握高档装修成品保护方法与措施。

⑧ 熟悉各种木工机械设备的种类、性能、选择原则、明确布置要求。

⑨ 熟悉新技术、新材料、新工艺、新设备的应用。

⑩ 掌握计算机的基本操作方法。

(2) 操作要求

① 对木工制品进行工、料分析，编制用料清单。

② 放大样，并能制作其样板。

③ 制作、安装各种形式格扇和挂落。

④ 传统结构门窗的制作安装。

⑤ 会修缮仿古建中柱、梁、斗拱等。

⑥ 制作特殊工程中的中、小型手工工具。

⑦ 对中、高级工操作技能进行示范及传授技艺。

⑧ 解决本工种操作技术上的疑难问题。

1.1.3.5 高级技师

(1) 知识要求

① 参与图纸会审与施工技术交底。

② 掌握交叉作业施工的顺序与操作要点。

③ 掌握复杂装饰装修构造及其原理。

④ 能编制大型装饰装修项目的施工组织设计方案。

⑤ 掌握各种角度、弯度、圆形计算的方法。

⑥ 掌握绘制节点详图方法及细部制品的设计工艺。

⑦ 掌握新技术、新材料、新工艺、新设备的应用知识。

⑧ 掌握计算机绘图的基本知识。

(2) 操作要求

① 绘制本工种复杂施工图及节点大样图。

② 编制和设计木装修施工工艺方案。

③ 参与编制大型装饰装修工程的施工组织设计。

④ 编制本职业新技术、新材料、新工艺、新设备的施工方案。

⑤ 制作、安装仿古门窗格扇和亭阁。

⑥ 对各种有角度、弯度、图形的简便计算。

⑦ 对工艺复杂木制品、样板间进行施工指导及技艺示范。

⑧ 对高级工、技师进行指导和传授技能，解决技术疑难问题。

1.2　测量放线与放样排版

1.2.1　测量放线

1.2.1.1　测量放线准备

装饰装修精细木工施工之前要到现场实地测量放线，将施工图中平面、立面表示的装饰物落实在实际的室内顶面、墙面和地面上，现场尺寸应先复核，根据现场实际尺寸放线，为施工提供有效依据。对照图纸，测量起始点位，数据等正确性，测量作业与图纸数据要作校核，做好原始记录。

在现场主要根据土建单位提供的点和线等基本数据，在装饰项目部安排下，做好交接手续，是否误差，应分析原因，必要时调整施工图纸中尺寸偏差。测量控制点和线移交后，要做好保护和保存好施工范围内全部三角网点、水准网点，使之便于察看，防止移动及损坏。

1.2.1.2 测量放线方法

(1) 水平线的引测

水平线的引测采用激光水准仪。图 1-1 所示为用激光水准仪引测墙面 1m 基准线。

图 1-1 用激光水准仪引测墙面 1m 基准线

① 将土建平移出来的控制线为基准点，分别引测到贯通的公共走廊部位，并做好保护。

图 1-2 墙面 1m 标高线

② 将根据走廊部位基准点引测至各门框部位，在墙面部位复测得＋1000mm 标高线，作出高于地坪＋1000mm 水平线，作装饰施工标高依据，并用墨斗弹线于室内四周墙面上（红漆标注），见图 1-2。

③ 根据装饰施工立面图和＋1000mm 水平线，将测得吊顶标高线（即完成面线）引测至室内四周墙面上，将地面线（即完成面线）引测至四周墙面上，并用墨斗弹出各线，见图 1-3 和图 1-4。

图 1-3　墙面吊顶标高线

图 1-4　墙面地面完成线

（2）轴线的引测

轴线的引测采用激光水准仪。

① 根据基准线，测得室内各面中轴线，分别将轴线引到主要施工面，并用墨斗弹线，见图 1-5。如走廊中线（装饰基准线）向各房间引入垂直线即进户门的中线（门中基准线），用 CAD 软件模拟放线，具体见图 1-6。

图 1-5　墙面轴线与 1m 标高线

② 根据装饰施工图上隔墙位置，按轴线标志与隔墙位置分别引得隔墙中心线，并用墨斗弹线，具体见图 1-7。

③ 根据装饰施工图上各功能性设施内容，如风口、灯具、喷淋、烟感等位置，按它们与轴线的关系，分别在地面上弹出位置，也起到校核作用，方便设备安装，见图 1-8。然后用激光水准仪投射至顶面上，并用墨斗弹线，见图 1-9。

（3）布置线的引测

布置线的引测采用卷尺。

① 根据装饰施工图要求，确定木饰板包括基层板的厚度，测量好尺寸点后，用墨斗在地面、墙面上弹出布置线，见图 1-10。

② 根据装饰施工图要求，确定固定家具、活动家具等，测量到位后，均应在地面、墙面上用墨斗弹出布置线，见图 1-11。

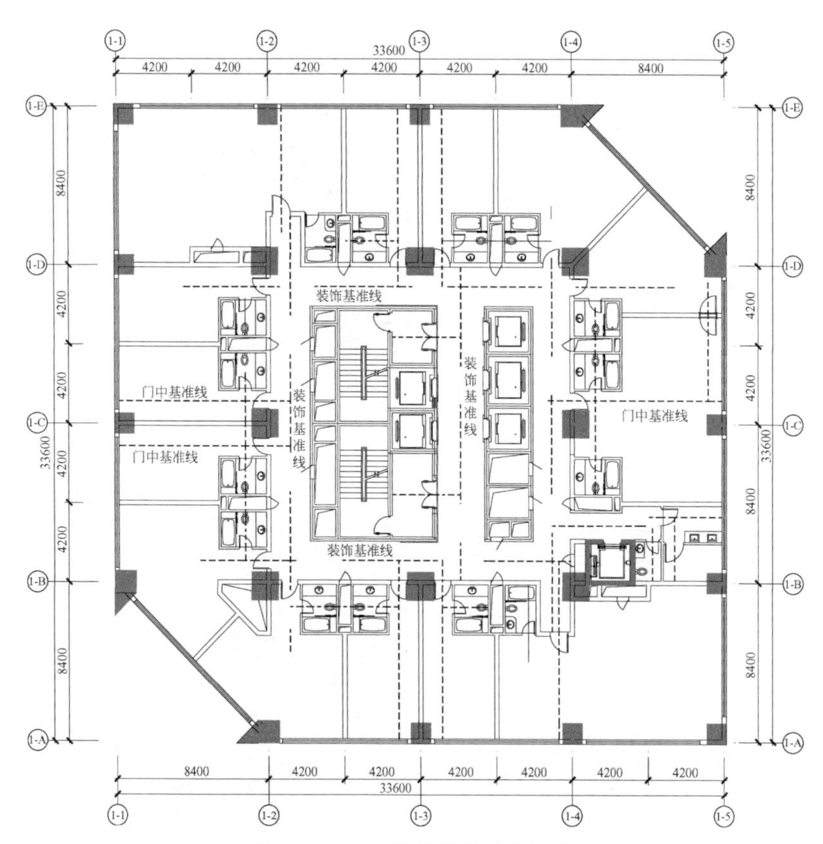

图 1-6　CAD 软件模拟基准放样

图 1-7　墙面各轴线放样

图 1-8　地面灯具放样

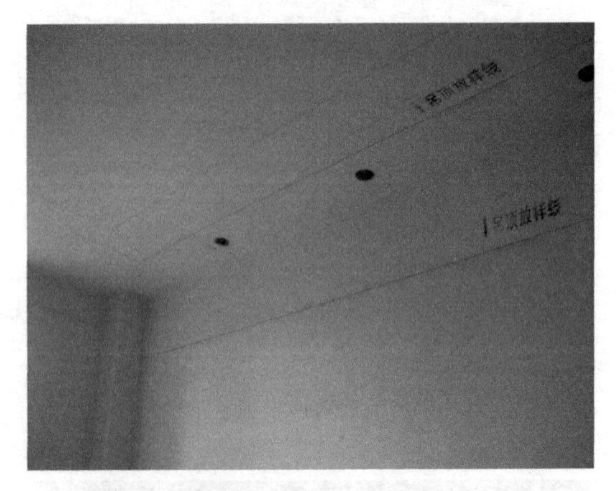

图 1-9　激光水准仪从地面投影到顶面

（4）复线与细部线的引测

复线的引测采用激光水准仪与卷尺。

① 对被墙面粉刷和地面找平，顶面造型所覆盖的面进行二次放线。用墨斗在各面上弹出复线，见图 1-12。

② 对有细部要求的工艺，其放线在大的区块完成后、该部分工艺施工前，深化弹线、进一步明确细部尺寸或材料之间的搭接方式，用墨斗在面上弹出细部线，见图 1-13。

图 1-10 墙面木饰面布置线放样

图 1-11 地面家具布置线放样

1.2.1.3 测量放弧形线

① 复杂弧形顶面造型在装饰装修中，应用已很多，放线也是要项。按图复核现场平面实际尺寸，依弧度分布情况，对弧线放定位线，再确定坐标轴，具体方法是：先在 1∶100 比例的装饰装修施工平面蓝图上模拟画出弧形的基准线和中轴线，并成 90°直角，再画出 45°交叉控制线，然后根据实际建筑面积和弧度情况，选择

图 1-12 墙面复线二次放样

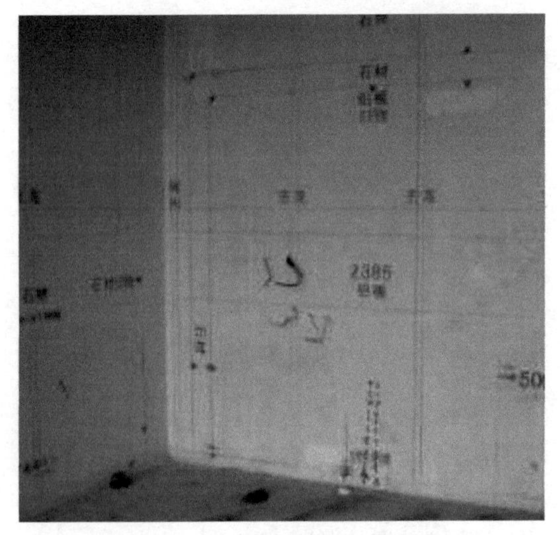

图 1-13 墙面细部线二次放样

800mm×800mm 控制网格（复杂曲线也可选择小一些的网格），以45°交叉线为中心线，先后左右推移出网格线，在图纸中依弧线走向找到在网格上点位。用软曲线尺在弧线上复核画出，得到曲线在网线上的点位。以上方法也可借助 CAD 软件，在 CAD 装饰装修平面图上，参照上述步骤，画出辅助色线的方法求得弧线点位，见图 1-14。

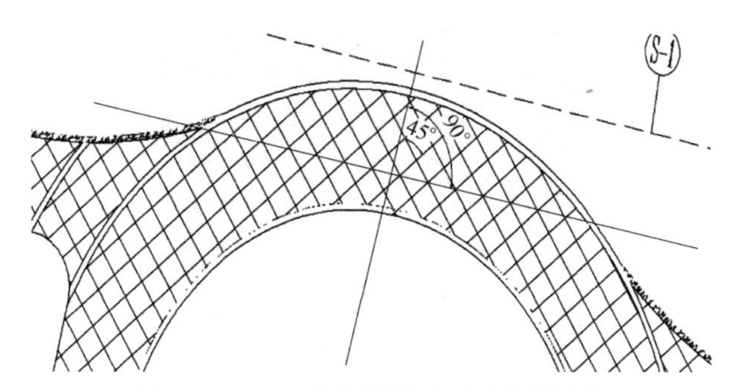

图 1-14　CAD 软件模拟地面弧形线放样

② 根据蓝图或 CAD 图上平面放线，按比例投影到实际地面上，先确定定位线和坐标轴，弹出 800mm×800mm 控制网格线，找出相应的控制点（曲线个别点位难以找准，可用布格格法辅助找点），用 2mm 厚有机条长板沿着控制点弯曲固定，并沿着有机板边缘画出弧线，则为施工造型外沿边控制线。对于顶面，则用红外线垂直仪从地面放线上去，将弧形的造型面和吊挂点都投影到顶面，具体见图 1-15 和图 1-16。

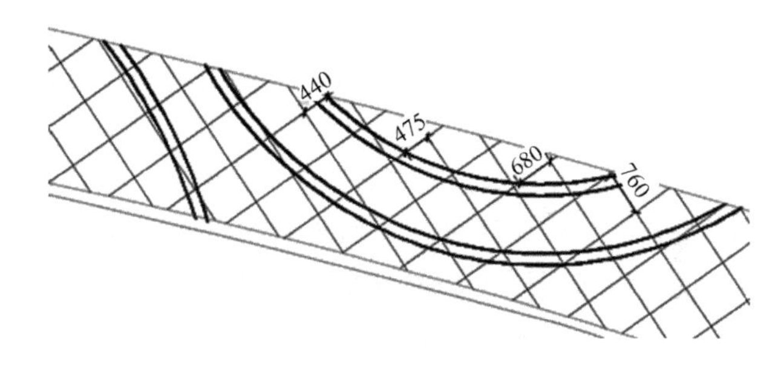

图 1-15　CAD 软件模拟顶面弧形线放样

③ 有了放线定位图，不管造型弧形顶面是现场加工还是工厂加工部件预装，都可以顺利进行挂装。

1.2.2　放样排版

从室内装饰装修施工图表示的木饰面类材料尺寸，到现场实地

图 1-16　弧形线顶面实例

尺寸有差异，以及其他材料之间搭配都需要进行放样排版来提高饰面整体效果。有关顶面、墙面的饰面做法可以测量完成面实际尺寸后，在放大比例的图纸上或电脑上模拟出排版图。

① 顶面装饰材料骨架为轻钢龙骨，饰面为纸面石膏板或方板板材等。考虑到风口、灯具、喷淋、烟感等装置的安装，位置要不和主副龙骨冲突，且灯具等排列要有序、横平竖直，并应放在方形板材的中心位置。具体做法是：顶面排版图（测得现场实际面尺寸），在CAD平面布置图上调整好实际尺寸，并分图层处理，将轻钢龙骨架定义为红色线，纸面石膏板或方形板材为黄线，风口、灯具等为蓝线，并模拟排版，具体见图 1-17。

② 墙面装饰材料为木饰面、石材等。考虑到消防栓外的门与墙面装饰材料统一，一般消防栓门外贴木饰面或石材，其尺寸与整体墙面的石材、木饰面尺寸协调，达到美观的效果。具体做法是：墙面排版图（测得现场墙面实际尺寸）在CAD立面图上调整好实际尺寸，消防栓门的高度和宽度尺寸满足木饰面、石材模数，显得排版比较美观，具体见图 1-18 和图 1-19。

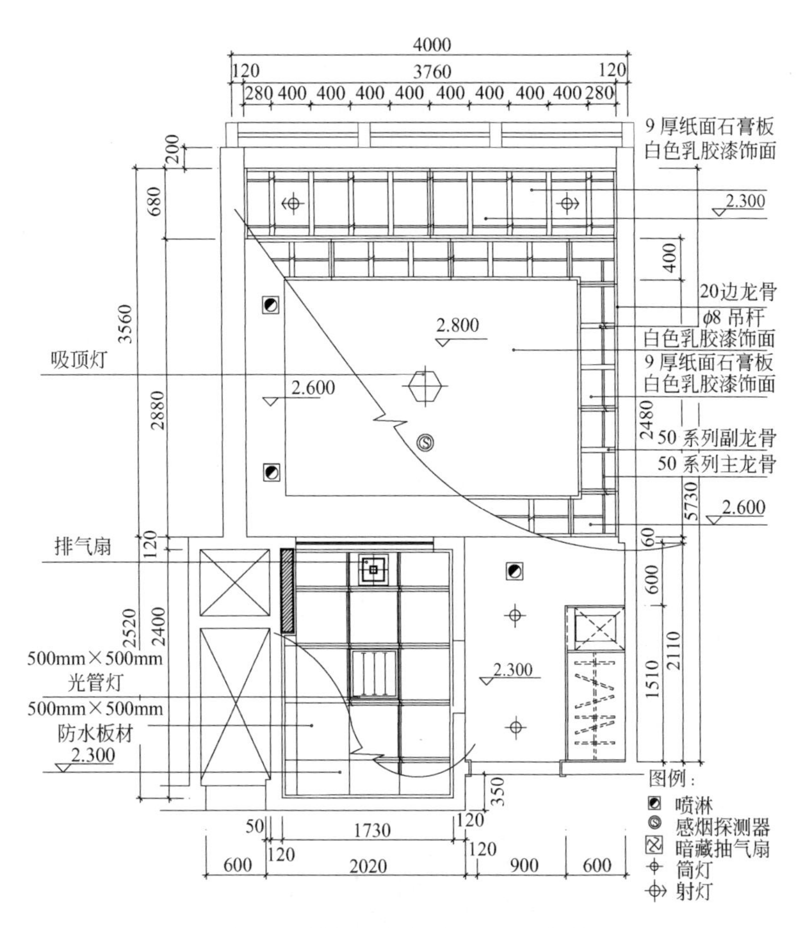

图1-17　顶面轻钢龙骨与灯位排版图

③ 地面装饰材料为复合木地板等。考虑到室内走道石材与复合木地板的分块布置和排列均衡，特别是入口处的排版。具体做法是：地面排版图（测得现场地面实际尺寸）在CAD平面图上调整好实际尺寸，石材与地板之间搭接处、窗户旁的明显处，都要达到块面的合理分割，不至于有零碎感，使得复合木地板的铺设整齐、排列得体。具体见图1-20。

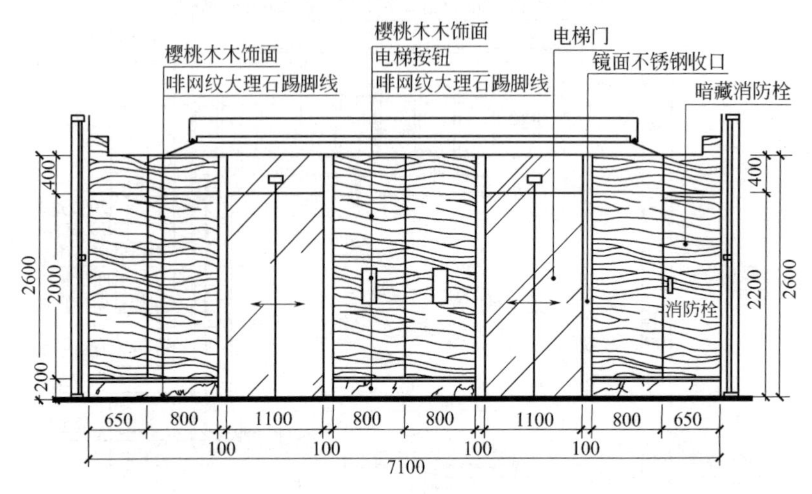

图 1-18 墙面木饰面排版图

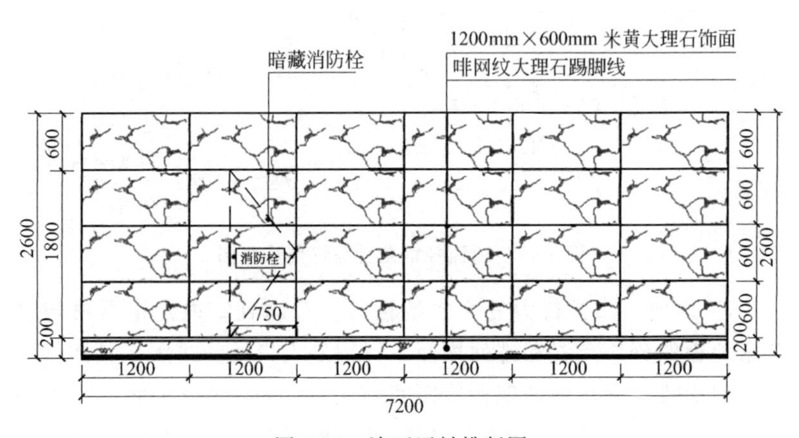

图 1-19 墙面石材排版图

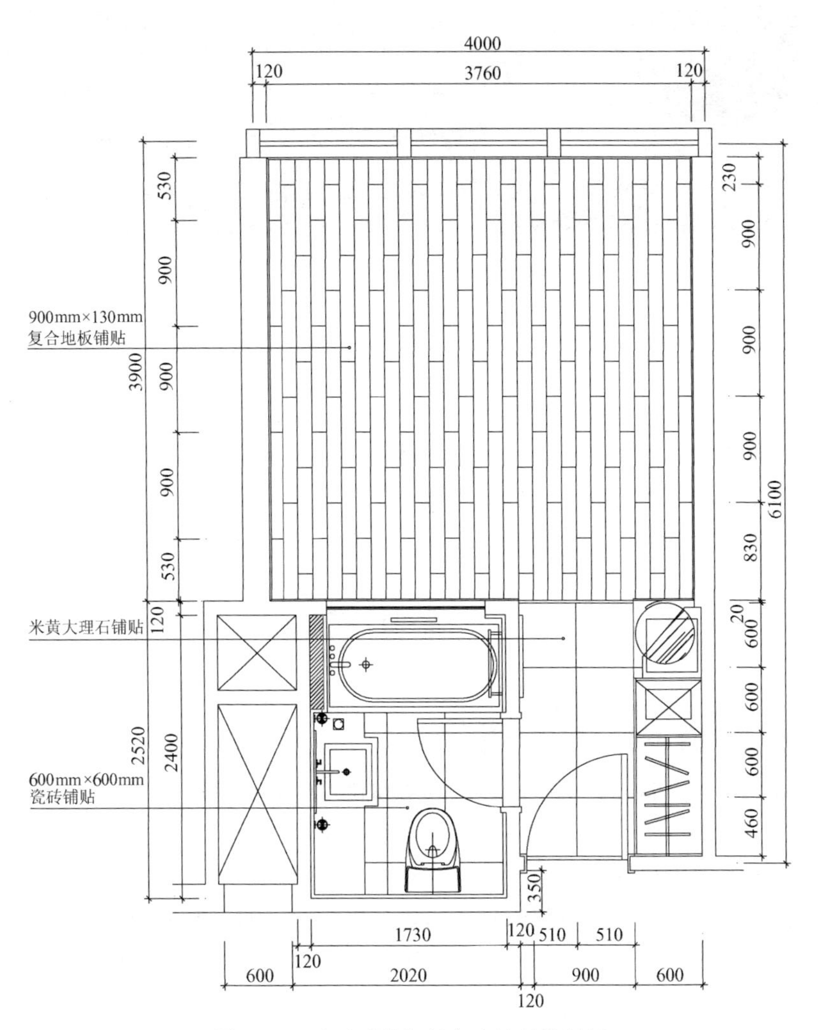

图 1-20　地面石材与复合木地板排版图

第2章 装饰装修精细木工常用材料

装饰装修精细木工常用的材料品种很多，主要以木材为主。装饰装修精细木工需了解木材树种性能、辅助材料、人造板材以及轻钢龙骨材，将有利于在装饰工程中顺利开展顶面、墙面、地面工程的相关木装饰施工。掌握材料特性是木工必备的能力之一。

2.1 常用木材

2.1.1 木材的构造

木材由髓心、木质部、形成层和树皮组成，见图2-1。

髓心位于树干的中心，质地柔软，疏松脆弱，是木材初生第一年生长生成的部分，强度低，容易腐蚀虫蛀。

木质部位于髓心和树皮之间，是木材使用的主要部分。通常在木质部的构造中，许多树种的木质部接近树干中心，颜色较深称为心材；靠近树干外侧，颜色较浅称为边材。

形成层位于树皮与木质部之间的薄层，形成层向外分生韧皮细胞形成树干，向内分生木质细胞构成木质部。

树皮是由外皮、软木组织和内皮组成，起保护树木的作用。

年轮是树木形成层在每个生长周期所形成，并在树干横切面上，所看到的围绕着髓心的同心环。年轮中，在生长季节早期形成的材质疏松轻软、细胞腔较大、细胞壁薄、材色较浅的部分称为早

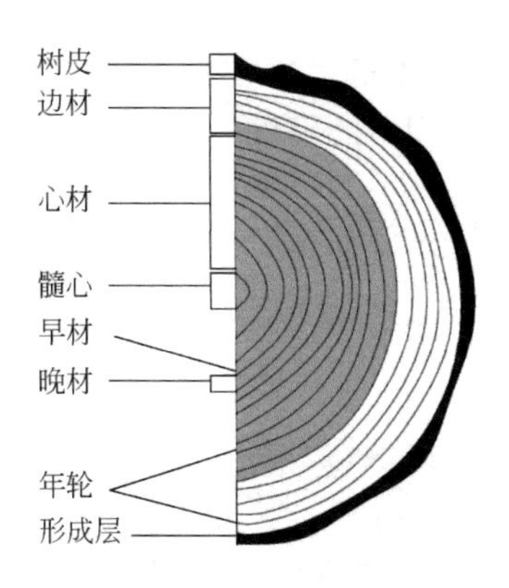

图 2-1　树木的横截面

材。年轮中，在生长季节晚期形成、材质硬、细胞腔较小、胞壁较厚、材色较深称为晚材。

2.1.2 常用木材的分类

2.1.2.1　按树种的分类

木材按树种分类，分为针叶树和阔叶树两类。

(1) 针叶树

针叶树树叶的形态细长如针，部分树种含大量的树脂。因其树干直而高大，纹理顺直，木质较软，密度小，强度较高，胀缩变形小，易加工，故又称为软木材。常见的针叶树有杉木、水杉、云杉、冷杉、铁杉、红松、落叶松、白松、黄花松、云南松、马尾松、樟子松及柏木。它主要是建筑工程、桥梁枕木、桩木、机械模具及建筑装饰装修工程中的用材。

(2) 阔叶树

阔叶树树叶宽大呈片状，叶脉为网状，其树质坚硬，阔叶树大多数为落叶树，树干通直部分较短，木材较硬，密度较大，易胀缩、翘曲、开裂，加工比较困难，故又称为硬木材。常见的阔叶树有榆木、柞木、柚木、椴木、楠木、核桃木、榉木、水曲柳等硬质木，也有部分树种质地较软，如桦木、杨木等。它主要是建筑工程、桥梁枕木、胶合板及室内装饰装修工程中的用材。

2.1.2.2 按用途和加工方法的分类

木材按用途和加工方法，分为原条、原木、成材和木质人造板材，见图 2-2。

(a) 原条

(b) 原木

(c) 成材

图 2-2 木材的分类

（1）原条

原条是指已经去皮、根、树梢的，但尚未按一定尺寸加工成规定的材类。

（2）原木

原木是指已经去皮、根、树梢的原条，并按一定尺寸加工成规定直径和长度的木材，其中又分为直接使用原木和加工用原木。直接使用原木用于屋架、檩条、椽木、木桩、电杆等。加工用原木用于锯制普通锯材、制作胶合板等。

（3）成材

成材又称锯材，是指已经加工锯解成不同规格的木料。按规格宽、厚尺寸比例可分为板材和方材。

① 板材　宽度为厚度的 3 倍或 3 倍以上的称为板材。板材又分为特厚板材、厚板材、中板材、薄板材几种。板材厚≥66mm 的为特厚板材，厚度在 36～65mm 之间的为厚板材，厚度在 19～35mm 之间的为中板材，厚度≤18mm 的为薄板材。

② 方材　宽度不足厚度的 3 倍的称为方材。方材又分为特大方材、大方材、中方材、薄方材几种。横截面面积≥226cm^2 的为特大方材，横截面面积在 101～225cm^2 之间的为大方材，横截面面积在 55～100cm^2 之间的为中方材，横截面面积≤54cm^2 的为小方材。

（4）木质人造板材

木质人造板是利用木材、木质纤维、木质碎料或其他植物纤维为原料，加胶黏剂和其他添加剂制成的板材。木质人造板的主要品种有胶合板、密度纤维板、细木工板和刨花板等。

2.1.3 常用木材树种

常用木材树种（见书前彩图 2-1）比较多，现分别介绍如下。

2.1.3.1　红木

红木是制作稀有硬木高端家具用材的统称。紫檀木、黄花梨、花梨木、酸枝木、鸡翅木是具有代表性的红木木材树种。

（1）紫檀木

紫檀木主要产于印度，我国云南、两广。因生长期漫长，木色呈紫红褐色，经打蜡磨光有缎子般光泽，气味芬芳、纹理交错、结构致密、耐腐耐久，是制作红木家具最高级的用材之一。

（2）黄花梨

黄花梨产于海南，为我国特有的珍稀树种。它纹理清晰、交叉错落、木色金黄、温润光泽、木性稳定、木质坚硬、耐腐耐久，适用于制作各种造型奇异的家具。

（3）花梨木

花梨木产于东南亚，南美，非洲，我国海南、云南及两广地区。东南亚产的以泰国最优，缅甸次之。花梨木木色均匀，纹理清晰美观，微有香味，颜色由浅黄至暗红褐色，其中带有深色条纹，其木纹有若鬼面者，亦类狸斑。花梨木有老花梨与新花梨之分，老花梨又称黄花梨木，颜色由浅黄到紫赤；新花梨的木色显赤黄，纹理色彩较老花梨稍差。它耐磨耐久、强度高，通常浮于水，可做家具及文房诸器。

（4）酸枝木

酸枝木产于东南亚国家。木材光泽，木色不均匀，心材橙色、浅红褐色至黑褐色，深色条文明显，剖开后具有酸味或酸香味，密度高、坚硬耐磨、纹理斜而交错，通常沉于水。酸枝木是制作红木家具的主要原料，酸枝木色有深红色和浅红色两种，木材含有油脂即质量上乘，用酸枝木制作的家具，经打磨上漆，平整润滑、光泽耐久、纹理既清晰又富有变化，给人一种淳厚含蓄的美，即使历经几百年，只要稍加揩漆润泽，依旧焕然若新。

（5）鸡翅木

鸡翅木产于东南亚和南美，因木材心材的弦切面上有“V”字形花纹，类似“鸡翅”的纹理而得名。纹理交错、颜色突兀，木材微有香气，生长年轮不明显，鸡翅木产量极少，又以显著、独特的纹理著称，是红木中比较漂亮的木材，用鸡翅木制作的家具，历来深受文人雅士和广大消费者喜爱。

2.1.3.2 楠木

楠木是中国特有的一种高档木材，楠木主要有金丝楠木、香楠、水楠这三种。其色浅橙黄略灰，纹理淡雅文静，质地温润柔和，无收缩性，遇雨有阵阵幽香。南方诸省均产，唯四川产为最好。楠木不腐不蛀有幽香，皇家藏书楼、金漆宝座、室内装修等多为楠木制作。明代宫廷曾大量伐用，现北京故宫及其他上乘古建多为楠木构筑，如文渊阁、乐寿堂、太和殿、长陵等重要建筑都有楠木做的装修及家具，并常与紫檀配合使用。

2.1.3.3 香樟木

香樟木产于在我国台湾、福建、江南各省。木材块状大小不一，表面红棕色至暗棕色，横断面可见年轮。质重而硬、味清凉、有辛辣感。香樟木有治疗祛风湿、通经络、止痛、消食的功效。树径较大、材幅宽、花纹美，尤其是有着浓烈的香味，有一种很好闻类似有樟脑的香味，能起到防虫杀菌的作用。我国的樟木箱名扬中外，目前香樟木不但资源匮乏，而且成材率较低，使得樟木家具成品造价高。现在香樟多制成集成板，用于衣柜后背板及抽屉底板。

2.1.3.4 柚木

柚木原产缅甸、泰国、印度和印度尼西亚、老挝等地，其中以印尼、泰国、缅甸最为著名。中国云南、广东、广西、福建、台湾等地也有。

柚木材质本身纹理线条优美，光泽亮丽如新，花纹美观，色调高雅耐看，稳定性好，变形性小，对多种化学物质有较强的耐腐蚀性，耐磨性好，是制造高档家具地板、室内外装饰的材料。

2.1.3.5 榉木

榉木为江南特有的木材，厚重坚固，抗冲击，纹理清楚，木材质地均匀，色调柔和，流畅，蒸汽下易于弯曲，可以制作造型，抱钉性能好，但是易于开裂，比多数硬木都重，媲美红木，适用于家具、地板、木门的制作。

2.1.3.6 榆木

榆木木性坚韧、纹理清晰、硬度与强度适中，一般透雕浮雕均能适应，刨面光滑，弦面花纹美丽，有“鸡翅木”的花纹，具有纹理清晰、树大结疤少的优点，是主要家具用材之一。其木材的特征，心材边材区分明显，心材暗紫灰色，边材暗黄色；材质轻较硬，力学强度较高，纹理直，结构粗，是制作家具的名贵材质。

2.1.3.7 橡木

橡木产于俄罗斯和美国，橡木具有质重且硬，纹理直，结构粗，色泽淡雅，纹理美观，力学强度高，耐磨损的优良性能，广泛用于装潢、家具、地板等，白橡、红橡的切片也是生产贴面胶合板的理想用材，其花纹有直纹和横纹。

2.1.3.8 橡胶木

橡胶木原产于巴西、马来西亚、泰国等；国内产于云南、海南及沿海一带。颜色呈浅黄褐色，年轮明显，管孔甚少。木质结构粗且均匀。纹理斜，木质较硬。成材期为15～25年，广泛用于楼梯、地板及各种实木家具。

2.1.3.9 胡桃木

胡桃木原产北美和欧洲，因心材颜色较深，俗称黑胡桃。国产的心材颜色较浅，俗称胡桃木。胡桃木常见有黑胡桃木、黄金胡桃木、红胡桃木。

胡桃木具有抗腐能力强、稳定性好、不易变形、易于加工、油漆染色性能好的特点，是制作家具的上等材料。胡桃木因重量较轻、心材颜色富有变化和木纹不规则具有多样性，所以用于现代高端实木家具，风格别致稳重，花纹层次感强，具有超凡的欣赏和收藏价值。

2.1.3.10　樱桃木

樱桃木主要产自欧洲、北美和日本，心材颜色由淡红色至棕色，边材呈奶白色。断面含有棕色树心斑点和细小的树胶窝，纹理通直，细腻清晰。樱桃木是高档木材，具有易加工、抛光性好、涂装性好的特点，精选的原木可用来制造家具饰面单板、橱柜饰面单板、护墙板和光面门等。

2.1.3.11　水曲柳

水曲柳主要产于我国东北、华北地区，因材质坚韧，纹理美观、清晰，具有加工性能好、耐用性和实用性强的特点，是制作家具的常见木材。水曲柳因价格适中、韧性好、耐磨、耐湿、油漆着色性好，在装饰装修中普遍使用。水曲柳制作实木家具不易干燥，收缩变形大，易翘曲，因此多采用贴水曲柳实木皮与细木工板相结合的方式制作。

2.1.3.12　枫木

枫木分硬枫（白枫）和软枫（红枫）两种，软枫的强度要比硬枫低25%左右，因此硬枫在使用面及价格上要远高于软枫。最著名的是加拿大枫木。枫木品种众多，分布极广。我国枫木在东北、长江流域以南直至台湾都有出产。

枫木纹理交错，结构细致而均匀，质轻而较硬，花纹图案优良，颜色协调统一，无结疤，具有易加工，油漆涂装性能好，胶合性强，握钉力强，牢固结实的特点，是装潢用的高档木材，主要用于地板和家具饰面板。

2.1.3.13　松木

松木是针叶植物的一种，具有松香味、色淡黄、节疤多、对大气温度反应快、容易胀大、极难自然风干等特性，故需经人工处理，如烘干、脱脂、去除有机化合物，漂白统一树色，中和树性，使之不易变形。松木经过脱脂、烘干处理成优质加工用材后，能够较好地保持松木的环保安全性和多功能性。松木制作的家具质感明显、纹理细腻美观。

（1）新西兰松

色泽淡黄、纹理通直、易干燥、变形小、力学强度中等、加工性能好，适宜制作家具和各种木制品。

（2）北欧赤松

北欧赤松产于芬兰，因生长在寒带，生长周期较缓慢，木质稳定性好，具有物理抗压、抗剪、握钉力强的特点，很适合做青少年儿童家具。

（3）巴西松

颜色淡黄、纹理清楚、力学强度中等，适宜制作家具和各种木制品。

（4）东北松

东北松的种类很多，分红松和白松。红松是生长年限长一些，纹理比较细密，颜色偏红；白松是生长年限短一些，纹理比较粗。常见的东北松有樟子松、鱼鳞松、冷杉。

2.1.3.14 杉木

杉木是杉科常绿乔木，为我国南方特产的速生用材树种。其特点是生长快、产量高、用途广。干形通直圆满，木材纹理通直，材质轻韧，强度适用，气味芳香，抗虫耐腐，是我国重要的商品用材。

香杉木是一种优质的家具材料，具有天然的原木香味，对人体有多种有益的作用，香杉木中所含的香杉木醇能杀死空气中的细菌、可抑制人体病原菌。香杉木醇对各种皮肤炎症有抑制作用。香杉木醇对人体有消除疲劳，舒解压力的保健作用。

2.1.4 木材宏观构造特征

木材宏观构造是指在肉眼或放大镜下所能见到的木材构造特

征，分为主要特征和次要特征。

主要特征是木材的构造特征比较稳定、规律性较为明显的特征，是鉴别木材的主要依据。主要包括年轮、早材和晚材、边材和心材、木射线、管孔。

次要特征是木材的构造特征通常变化较大，由于外界的影响而不稳定的特征，作为鉴别木材的参考依据。主要包括颜色和光泽、气味和滋味、纹理和花纹、髓斑、重量和硬度。

2.1.4.1　主要特征

（1）年轮、早材和晚材

年轮是在横切面上有颜色深浅交替不一、木质结构有粗有细的一圈圈呈同心圆环。多数树种的年轮近似圆形，少数树种的年轮呈不规则的波浪形。

早材和晚材：在每一个年轮内，靠里面的部分是每年春季生长的，其颜色较浅，组织较松，材质软，称为早材；靠外面的部分是夏末生长的，颜色较深，组织致密，材质较硬，称为晚材。

由于早材与晚材的组织结构不同，在材质交界处有一条界线，此界线是否明显，有助于识别树种。在横切面上，年轮呈同心圆形或弧形，在径切面上年轮呈平行的条状，在弦切面上年轮呈抛物线或山峰状的花纹。

（2）边材与心材

木质部接近树皮部分的材色较浅，含水率较大，称边材；在树木的中心部分，含水量也略小，称心材。心材的形成是由边材转化而来，木质中沉积了许多的树脂、单宁和色素等。

边材、心材的强度几乎无差别，但心材的耐腐性较强。有些树种边材、心材有明显差别，称显心材树种，如落叶松、红松、马尾松、杉木等。有些树种的木质部材色一致，但中心部分含水率较小，称隐心材树种，如云杉、冷杉、椴木等。还有些树种木质部的材色和含水率都基本一致，称边材树种，这种树种多半为阔叶材，如桦木、杨木等。在制作家具时，常利用边材、心材的颜色特征，制作外形美观的家具。

(3) 木射线

木材由无数细胞组成，许多性质相同的细胞组合在一起，构成木材的各种组织。木材中与树轴方向成垂直排列的薄壁细胞，构成了辐射状的线条叫木射线。

同一条木射线，在木材的三切面上表现出不同的形态，木射线在横切面上呈径向辐射状细线，显露其宽度和长度；在径切面上呈横向短带状，显露其长度和高度；在弦切面上呈短线形，显露其宽度和高度。木射线的宽度随树种而异，一般分为以下三种：宽型木射线，如麻栎、柞木、赤杨等；窄型木射线，如椴木、水曲柳等；极窄型木射线，如针叶材及阔叶材中的桦木、杨、柳等。

木射线是木材中唯一呈辐射状、横向排列的组织。在木材的利用上，它是构成木材美丽花纹的因素之一。因此，宽木射线的树种，适用于制造家具。但是，木射线由薄壁细胞组成，是木材中较脆弱、强度较低之处，而且木材干燥时常沿木射线方向发生裂纹，降低使用价值。

(4) 管孔

在阔叶材的横切面上，我们常看到一些大小不同的小孔，在径向切面和弦切面上，它们呈长短不一的沟槽，这些沟槽和小孔叫管孔。管孔在树木生长时起着输送水分、养分的作用。

有些阔叶树开始生长时所生的管孔孔径特别粗大，后生长的管孔孔径则细小，在横切面上有明显的差别，即在一个年轮内早材管孔大，呈环状排列，故称环孔材。有些阔叶树的管孔孔径粗细均匀，在横切面上没有多大差别，且均匀地分散在整个年轮中，故称散孔材。阔叶材管孔的大小、排列及组合，反映出不同的规律。

2.1.4.2 次要特征

(1) 颜色和光泽

颜色：木材组织用含各种色素、树脂、树胶、单宁及油脂等物质，使木材呈现出各种颜色。不同的树种其颜色各不相同，如云杉呈洁白色，乌木呈黑色，黄杨呈浅黄色，柏木呈橘黄色，水曲柳与黄菠萝，花纹相似，但水曲柳呈白褐色，黄菠萝呈黄或黄褐色。而且由于生长条件或部位不同，即使同一树种，其各部位材色也不相同，如树干阳边颜色深于阴边，根部深于树梢。除此之外，木材在水运和贮存中风吹日晒，其颜色变化很大。所以，当我们从材色上鉴别木材时，应以干材新切面的颜色为标准。充分了解木材的自然颜色十分重要，根据颜色的不同，在利用方面也会体现出不同的价值，根据木材颜色，来判断材质的优劣。如红木为深紫色，色质就有档次。

光泽：木材的光泽是材面对光线的吸收和反射的结果。它因树种不同而各不相同，使木材呈现的光泽也有强有弱。如云杉与冷杉颜色基本相同，但云杉光泽显著，而冷杉则无光泽；椴木与杨木均为白色或黄白色，但椴木的径切面和弦切面上常呈现出绢丝光泽，而杨木则没有此光泽。一般硬材比软材的天然光泽强而美丽。木材的光泽与木材构造、渗透物、光线照射角度和腐朽等有关。木材如经打磨仍不显示光泽，则说明它已有初期腐朽。木材表面长期暴露在空气中，其光泽会逐渐减弱，甚至消失。如果将木材表面刨切掉，仍然会显露出其原有的光泽。

（2）气味和滋味

气味：不同树种的木材，气味也不相同，木材的气味是因木材中含有树脂、树胶、鞣料、芳香油等物质所致。木材的气味一般是新采伐的或刚刚锯开的较浓。木材如果长期暴露在空气里或浸泡在水中，其表面的芳香油类会逐渐挥发，气味也会逐渐减弱。

例如针叶树材中，松木具有松脂味；杉木有杉木香；柏木有芳香气味；雪松有辛辣味；而杉木具有独特的香气。在阔叶树材中，樟木具有樟脑气味；檀木和沉香木有浓郁的芳香气味。另外，木材的气味不但在识别木材方面有一定作用，在利用上也有意义。如香樟木，它的气味能起到防虫、杀菌的作用。

滋味：木材的滋味来源于木材中所含有的水溶性抽提物中的一些特殊化学物质。例如黄柏、苦木、黄连木有苦味；糖槭有甜味；

栎木、板栗有单宁的涩味。肉桂有辛辣味及甜味。

(3) 纹理和花纹

纹理：木材的年轮、木射线、节疤等组织在木材表面呈现的形式叫纹理或木纹。由于树种的不同，锯解木材的位置也会有所差异。树干在生长过程中，由于自然条件的影响，木材的纹理是千变万化、丰富多彩的。一般针叶软材纹理平淡，而阔叶硬材木射线发达、纹理丰富多变，从而形成各种各样绚丽的纹理。

根据纹理的排列和组合形式不同，可分为直纹理、斜纹理和乱纹理三种。直纹理的木材强度较大，易于加工，斜纹理和乱纹理的木材强度差异大，表面易起毛刺、不光洁，难于加工。在家具制作中，利用木材纹理的不同，可获得装饰美观的效果。

花纹是木材表面因生长轮、木射线、轴向薄壁组织、颜色、节疤、纹理等产生的图案。

花纹分类有："V"形花纹、银光花纹、鸟眼花纹、树瘤花纹、树桠花纹、虎皮花纹、带状花纹。花纹与木材构造有密切关系，对识别木材有帮助，并可作各种装饰材。

(4) 髓斑

有些木材的横切面上，常可看到呈半圆形或弯月形的斑点，长1～3mm，颜色较深，在径切面和弦切面上呈较深的条纹，这种斑点称为髓斑。

髓斑对木材的识别起到一定的帮助，以桦木最为明显。

(5) 重量与硬度

木材的重量与木材的硬度有密切的关系。一般木材越重，其硬度也越大。反之，木材越轻，其硬度也越小。硬度是指木材抵抗外加压力不致发生压痕的能力。

在家具选材中，木材的重量和硬度是首先考虑的重要因素。简单测试木材硬度的方法：通常是用拇指甲在木材表面试划一下，或用小刀切削，看其痕迹深浅。木材的重量可简单分为轻、中、重三等，轻的如椴木、杨木、红松等；中的如水曲柳、黄菠萝等；重的如麻栎等。

2.1.5 木材的主要物理性质

2.1.5.1 密度

木材密度是木材性质的一项重要指标，根据它估计木材的实际重量，推断木材的工艺性质和木材的干缩、膨胀、硬度、强度等木材物理力学性质。密度是指单位体积木材的质量，通常以 g/cm^3 或 kg/m^3 表示。木材的重量和体积均与木材含水率密切相关，分为基本密度、生材密度、气干密度和绝干密度四种，基本密度和气干密度最为常用。

基本密度是作木材性质比较之用，绝干材重量和生材体积较为稳定，测定的结果准确。气干密度为中国进行木材性质比较和生产使用的基本依据，是气干材重量与气干材体积之比，通常以含水率在8%～20%时的木材密度为气干密度。

2.1.5.2 木材含水率

木材含水率是指木材中所含水的质量占烘干木材质量的百分数。木材中的水分有三种水，即吸附水、自由水和化合水。存在于木材细胞壁内，称为吸附水；存在于细胞腔和细胞间隙之间，称为自由水；存在于木材化学成分中，与组成木材的化学成分呈牢固的化学结合，称为化合水。

木材中所含水分是随着环境温度、湿度而变化，木材在大气中能吸收或蒸发水分，与周围空气的相对湿度和温度相适应而达到恒定的含水率，称为平衡含水率。木材平衡含水率随地区、季节及气候等因素而变化，在10%～18%之间。

2.1.5.3 木材缩湿胀

木材缩湿胀是木材在失水或吸湿时，木材内所含水分向外蒸发，或干木材由空气中吸收水分，使细胞壁内非结晶区的相邻纤丝间，微纤丝间和微晶间水层变薄（或消失）而靠拢或变厚而伸展，从而导致细胞壁及整个木材尺寸和体积起变化。

顺纹方向约为0.1%，径向为3%～6%，弦向为6%～12%。三个方向上的干缩率以顺纹方向干缩率最小，径向和弦向干缩率不同是木材产生裂缝和翘曲的主要原因。

2.2 辅助材料

2.2.1 木工常用胶黏剂

木工常用胶黏剂有白乳胶、氯丁胶、免钉胶、脲醛树脂胶和骨胶等，见图2-3。

(a) 白乳胶　(b) 氯丁胶　(c) 免钉胶

(d) 脲醛树脂胶　(e) 骨胶

图2-3　木工常用胶黏剂

(1) 白乳胶

白乳胶是以107胶为主要原料的化学黏合剂，使用方便、粘接力好，弹性、柔韧性好，是当前精细木工普遍使用的一种粘接剂，也可作为壁纸等材料的粘接之用。白乳胶还可以用作刷浆、喷浆之用。

（2）氯丁胶、免钉胶

氯丁胶是一种胶黏能力强，应用广泛的黏合剂。人造板、木材、陶瓷、石材、金属等可自粘或互粘，使用方便。免钉胶是一种黏合力极强的多功能建筑结构强力胶。免钉胶只要在施工面点几个点就可，用量少、施工时间短。

（3）脲醛树脂胶

脲醛树脂胶是用一定比例的尿素与甲醛制成的，加氯化氨调均匀后使用，广泛用作胶合板等生产的热压使用胶，大面积涂布方便，粘接力好，无色，毒性小，但脆性大，耐水性差。

（4）骨胶

颗粒骨胶是以动物的皮、骨为主要原料制成，一般为黄色或褐色块状，半透明或不透明颗粒体，易溶于盐水，不溶于有机溶剂，粘接木质材时有较强的牢度，被作为硬木家具生产中木材拼接、榫接的主要黏结剂，使用前应按 5∶1 左右的水和胶颗粒体比例混合后用火炖熬至呈现胶状后使用，并要正确掌握胶液的稀调度。

2.2.2 木工常用五金件

2.2.2.1　钉类

钉类按用途分为圆钉、螺纹钉、纹钉、射钉（直钉）、钢排钉、骑马钉、木螺钉、自攻螺钉、水泥钢钉等，具体见图 2-4。

圆钉一般用于普通木料、木板的连接；螺纹钉一般用于地垄及握钉要求较高的木料、木板连接；纹钉主要用于饰面板或薄木线条的固定安装；射钉（直钉）多用于木制工程的施工中，如细木制作和木制罩面工程等，具有应用广泛等特点，是普通圆钉理想的换代产品；钢排钉主要用于家具制作，沙发、木箱及各种木制品；骑马钉主要用于沙发椅、沙发布与皮，天花板、薄板及固定金属板网、

图 2-4 钉类

金属丝网或室内挂镜线等；木螺钉主要用于五金件的安装；自攻螺钉主要用于石膏板面层固定安装；水泥钢钉主要用于将制品钉在水泥墙壁或制件上。

2.2.2.2 合页

合页分为普通合页、弹簧铰链、大门合页和其他合页四大类，具体见图 2-5。

（1）普通合页

普通合页需搭配门吸、插销、窗钩使用，用于平开门、平开窗、家具柜门等。材质有铁质、铜质和不锈钢质。

（2）弹簧铰链

弹簧铰链广泛用于家具柜门的连接。在柜体侧板确定后，按规格分为：全盖（直弯）、半盖（中弯）、内藏（大弯）3 种，具体见图 2-6，并且附有调节螺钉。按安装方式分为固装和脱卸两种。材质有锌合金、不锈钢。部分铰链配有阻尼，具有缓冲、消音、自动闭合功能。

（3）大门合页

大门合页用于房门，搭配门吸、门锁、门拉手使用，材质有铜质、不锈钢质。

（4）其他合页

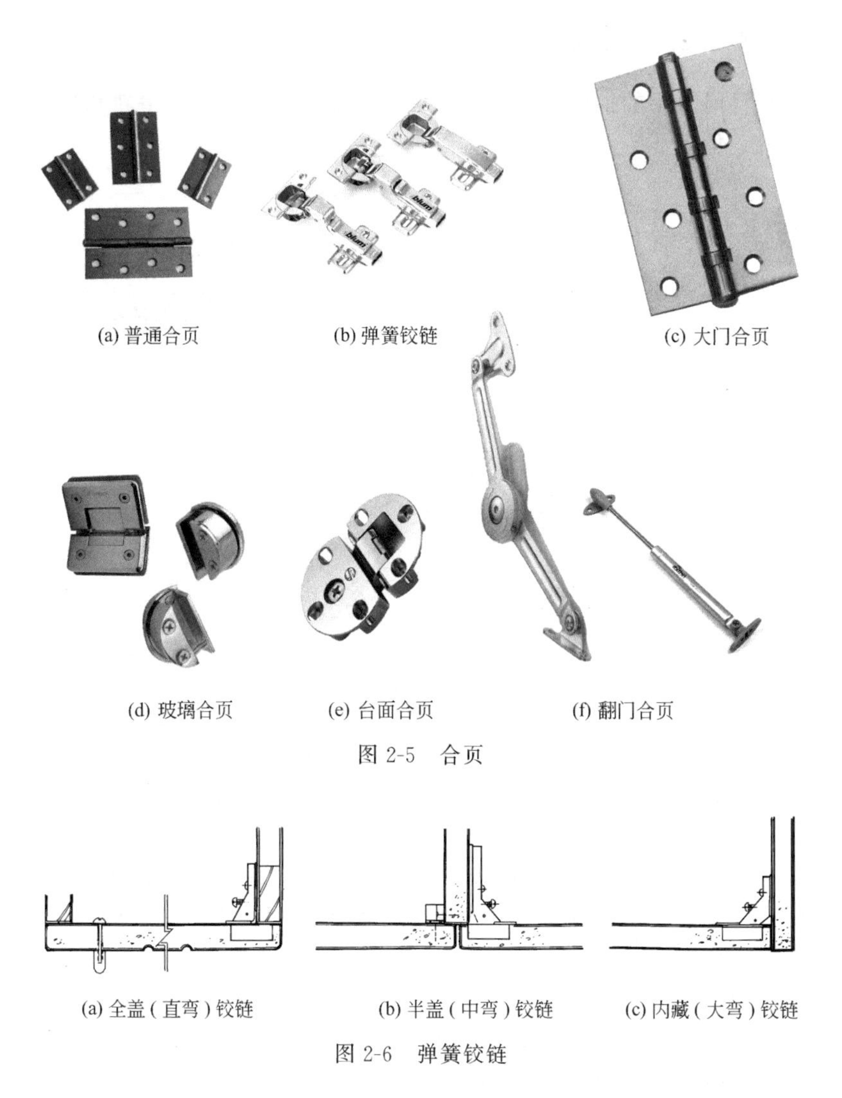

(a) 普通合页　(b) 弹簧铰链　(c) 大门合页

(d) 玻璃合页　(e) 台面合页　(f) 翻门合页

图 2-5　合页

(a) 全盖（直弯）铰链　(b) 半盖（中弯）铰链　(c) 内藏（大弯）铰链

图 2-6　弹簧铰链

其他合页有玻璃合页、台面合页、翻门合页。玻璃合页分为 2 种，常用于家具的 4mm 厚无框玻璃柜门和装饰工程中的 12mm 厚无框玻璃开门上。台面合页用于台面的翻板，广泛应用于收银台、大型圆餐桌。翻门合页一般有 2 种，即气动支撑和钢珠随意停。

2.2.2.3 抽屉滑轨

目前常用的抽屉滑轨分为3种，即滚轮滑轨、钢珠滑轨和托底滑轨，见图2-7。

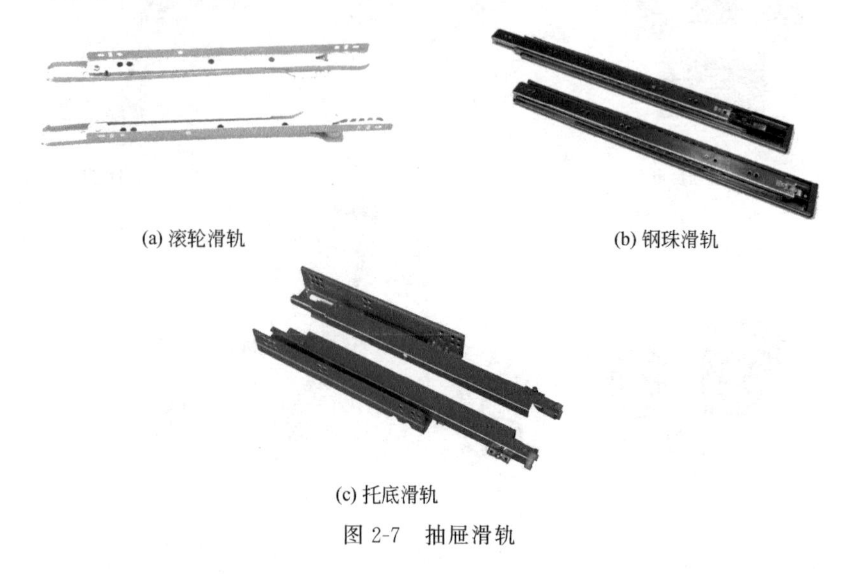

(a) 滚轮滑轨　(b) 钢珠滑轨

(c) 托底滑轨

图2-7 抽屉滑轨

常用的规格有250mm、300mm、350mm、400mm、450mm、500mm、550mm。

(1) 滚轮滑轨

滚轮滑轨俗称半自动滑轨，由于价格便宜，能满足日常的推拉需要，广泛应用于轻型抽屉。但其承重力较差，不具备缓冲、反弹功能。

(2) 钢珠滑轨

钢珠滑轨俗称二节、三节金属滑轨，安装于抽屉侧板上，广泛应用于家具抽屉，推拉顺滑，承重力大。部分带有阻尼的滑轨，具有消声缓冲、自动推进的功能。

(3) 托底滑轨

托底滑轨是安装在抽屉底板上，是隐藏式滑轨，具有静音阻尼系统，保证抽屉在拉出时平滑安静、回弹柔和，安装要求抽屉侧板为16mm。这三种滑轨中托底滑轨最贵，应用于高档家具。

2.2.2.4　门锁

门锁分磁卡锁、指纹密码锁、球形锁、弹子门锁、插芯执手锁、玻璃门锁等，见图 2-8。

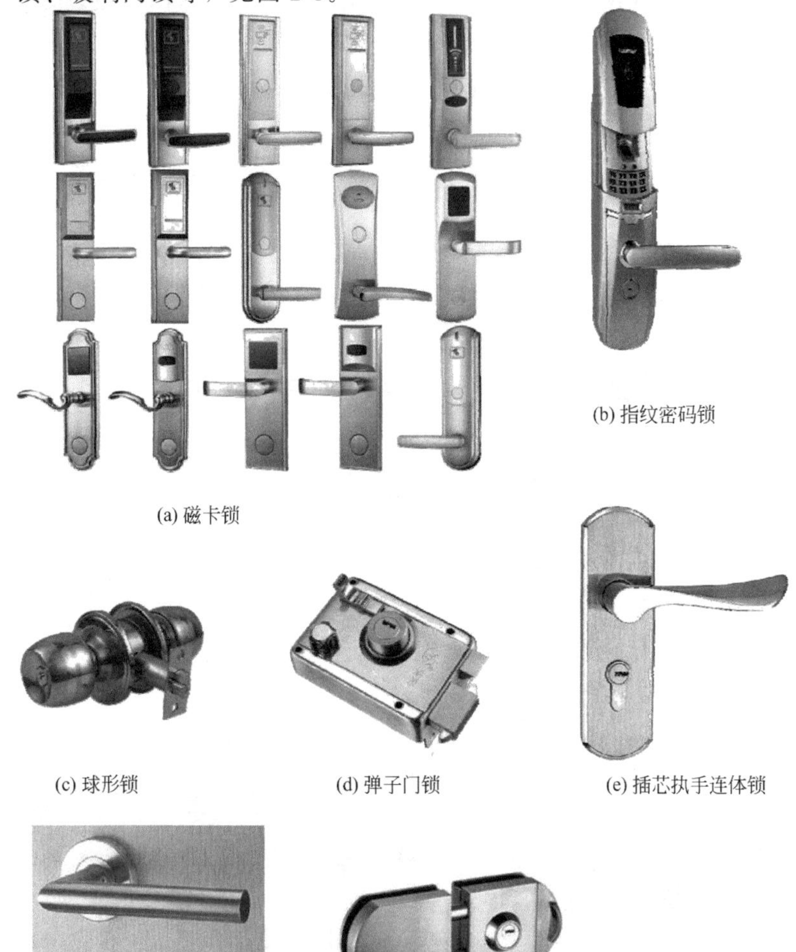

(a) 磁卡锁

(b) 指纹密码锁

(c) 球形锁

(d) 弹子门锁

(e) 插芯执手连体锁

(f) 插芯执手分体锁

(g) 玻璃门锁

图 2-8　门锁

磁卡锁、指纹密码锁应用于酒店、高档公寓、别墅入户门。其安全性高，但价格贵。

球型锁应用广泛，价格低廉，多用于室内房门。

弹子门锁分为单保险门锁、双保险门锁、三保险门锁和多保险门锁。常见于老式公寓入户门，现已逐步被淘汰。

插芯执手锁分为连体锁和分体锁，广泛应用于室内房门，应用相当普及。

玻璃门锁多应用于店面营业房。玻璃无需开孔，安全性好。

2.2.2.5 拉手

拉手形态各异，分为门拉手和窗拉手两种，见图 2-9。常见门拉手有玻璃门拉手、嵌入式合金拉手、柜门金属圆拉手等，一般安装在门扇正面中部适当位置，方便门扇的开启与关闭。窗拉手一般

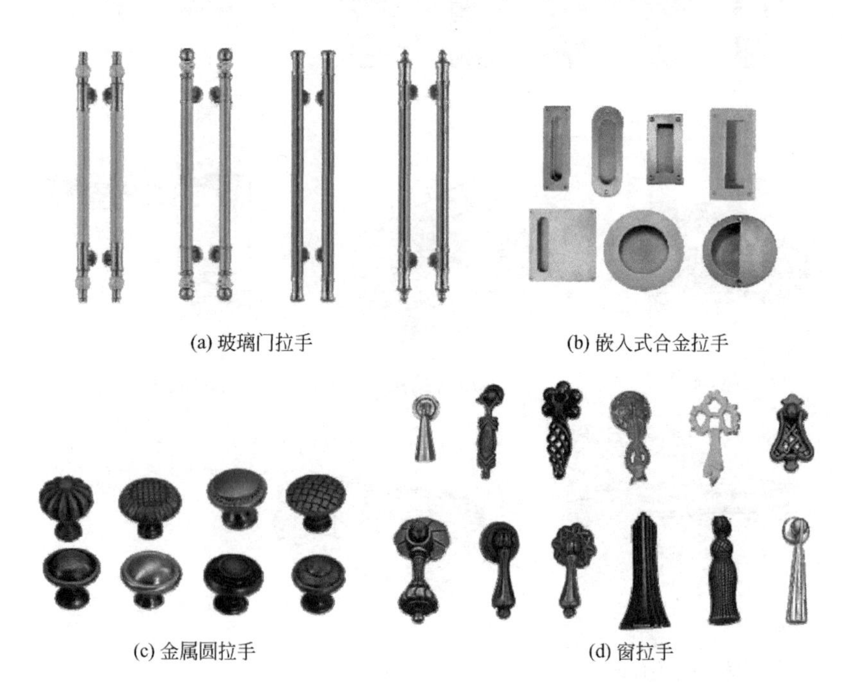

(a) 玻璃门拉手　(b) 嵌入式合金拉手　(c) 金属圆拉手　(d) 窗拉手

图 2-9 拉手

为铁拉手、铝拉手，一般安装在窗扇室内正面中部的适当位置，方便窗扇的开启和关闭。

2.2.2.6　液压闭门器

液压闭门器用于单向开启的门，分定位闭门器和不定位闭门器2种，见图2-10。定位闭门器是门最大可开到90°，门开到90°时，会自动停住。门开不到90°时，会自动关起来。不定位闭门器是门最大可开到180°，门一开会自动关起来。根据门自重不同，分为大号、中号、小号3种。大号闭门器适用于门宽超过800mm铁门、重型木门，门自重在85kg左右。中号闭门器适用于防盗门、铝合金门、木门，门自重在35～65kg左右。小号闭门器适用于阳台门、普通木门，门自重在15～30kg左右。

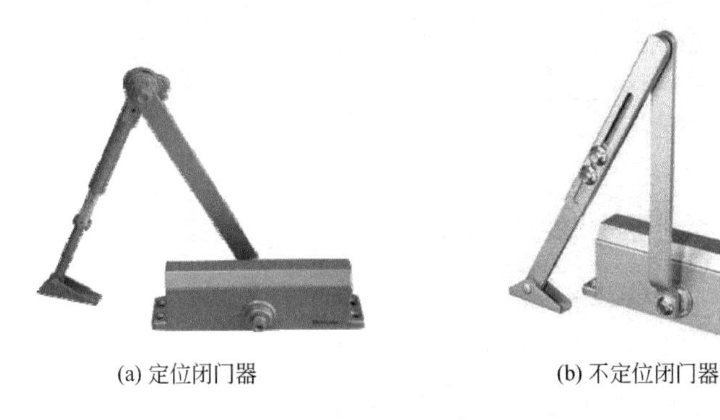

(a) 定位闭门器　　(b) 不定位闭门器

图2-10　液压闭门器

2.2.2.7　地弹簧

地弹簧（图2-11）多应用于双向和单向开启的12mm厚无框钢化玻璃门，地弹簧安装在开启门的底部，与上夹、下夹、曲夹和玻璃门锁搭配使用，见图2-12，也适用于双向和单向开启的木门、金属门、塑钢门。地弹簧最大开启为116°，0°时门扇关闭，90°时门扇精确定位，开关门时运行平稳、静寂无声。

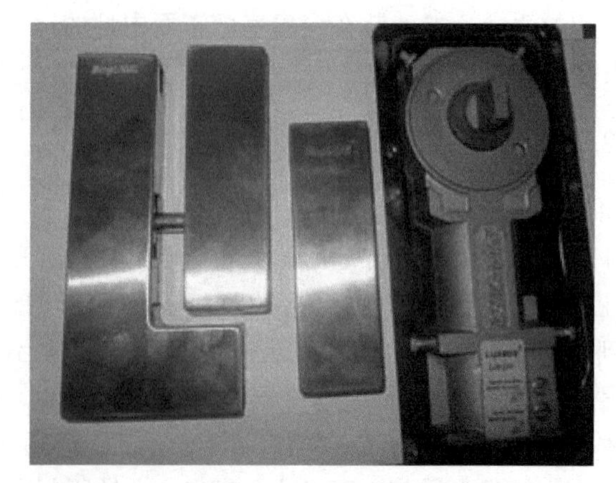

图 2-11　地弹簧

图 2-12　无框玻璃门安装效果

2.3 人造板材

人造板材也称人造合成板，建筑装饰工程中常用的人造板材有：胶合板、密度纤维板、刨花板、细木工板、集成板、三聚氰胺板以及防火装饰板等。

2.3.1 胶合板

胶合板是由木段旋切成单板或由木方刨切成薄木，经干燥、涂胶，按厚度要求配坯三层或三层以上奇数黏合而成的单板材料（通常用奇数层单板），并使相邻层单板的纤维方向互相垂直胶合，内层确定后表板为对称配置两面，在工厂热压机上加压而成，见图2-13。

图2-13　胶合板

胶合板具有材质轻、强度高、有良好的弹性和韧性、耐冲击和振动、易加工等优点，可用于顶面、墙面以及制作家具的板材。

胶合板品种有多样，分普通板和饰面板两类。普通板是选用柳桉木材为多，构成以旋切单板为主，常用于装饰木饰面工程的基层板；饰面板表面是选用珍贵木材，以刨切薄木为主，饰面处理后木纹美丽。

胶合板的常用规格有1220mm×2440mm，常用厚度有3mm、5mm、9mm、12mm、15mm和18mm。常用材质有山樟、柳桉、杨木、桉木。

2.3.2 密度纤维板

密度纤维板是人造板材的一种，按其密度的不同，分为高密度板、中密度板和低密度板（中密度板密度为 450～600kg/m³，高密度板密度≥600kg/m³ 以上）。它以木质或植物为原料，经热磨机加工成纤维状态后，拌入树脂胶及添加剂铺装成型，在热压下，使纤维素和半纤维素及木质素塑化形成的一种板材，见图 2-14。

图 2-14 密度纤维板

密度纤维板具有内部密度均匀、强度高、变形小、不翘曲、易锯易刨等特点，表面可雕刻加工。密度纤维板主要用于顶棚、隔墙的面板，板面经钻孔形成各种图案，表面喷涂各种涂料，装饰效果更佳。高密度拼花纤维板吸声、防水性能良好，坚固耐用，施工方便，在装饰工程中，往往表面压上高档薄木皮作为饰面板使用。

密度纤维板常用的规格有 1220mm×2440mm 和 1525mm×2440mm 两种，常用厚度有 3mm、5mm、9mm、12mm、15mm、16mm、18mm、20mm、25mm 和 30mm。

2.3.3 刨花板

刨花板的制造是利用原木枝材去皮，机械粉碎后的木颗粒拌胶在一起，用热压机热压而成的板材，见图 2-15。好的刨花板其颗粒经过静电吸附排列，大的颗粒在板芯部分，小的颗粒在板材两面部分，从断面可以看到木材颗粒越往中间越粗。刨花板按结构分有单层结构刨花板、三层结构刨花板和渐变结构刨花板。按所使用的原料分有木质刨花板、甘蔗渣刨花板、亚麻屑刨花板、棉秆刨花

图 2-15 刨花板

板等。

刨花板的张力很好，不易翘曲形变，可锯、可刨、可钻孔加工方便，适用于顶面、墙面、隔断及家具制作。

刨花板常用的规格有1220mm×2440mm、1525mm×2440mm和1830mm×2440mm三种，常用厚度有3mm、5mm、9mm、12mm、16mm、18mm和25mm。

2.3.4 细木工板

细木工板俗称大芯板、木工板，是具有实木板芯的胶合板，是由厚度相同、长度不一的木条平行排列，并紧密拼接而成，两面贴有整张双层单板，再经加压而成，一般为五层结构，其竖向（以芯板材走向区分）抗弯压强较差，但横向抗弯压强度较高。现在市场上大部分是实心、胶拼、双面砂光的细木工板，见图2-16。

细木工板握螺钉力好，强度高，具有质坚、吸声、绝热等特点，而且含水率不高，在10%～13%之间，加工简便，用途最为广泛。细木工板比实木板材稳定性强，但怕潮湿，应注意避免用在厨卫之中，主要用于室内装饰的造型面、门的基层、门窗及套、窗帘盒以及家具的板面等。

细木工板常用的规格有1220mm×2440mm，常用厚度有12mm、15mm、18mm和20mm。内芯常用材质有杉木、杨木、

图 2-16 细木工板

桦木、松木、泡桐等，其中以杉木最为广泛，杨木、桦木为最好，质地密实，木质不软不硬，夹钉力强，不易变形。

2.3.5 集成板

集成板主要由短小木料加工成要求的规格尺寸和形状，由于竖向木料间采用锯齿状接口，类似两手指交叉对接，经排列、上胶、拼压后双面加工而成，做到小材大用，见图 2-17。在胶合前剔除节子、腐朽等木材缺陷，保留了天然木材的材质感，外表美观。目前市面上以杉木、松木集成板用量最大。另一种结构的集成板为三层式。每层板是由许多纵向接续的杉木条相互拼靠而成，面层板和底层板为纵向排列结构，中层板为横向排列结构。

图 2-17 集成板

集成板可分为室内用集成板和室外用集成板。室内用集成板在室内干燥状态下使用，只要满足室内使用环境下的耐久性，即可达到使用者的要求，往往被用作固定柜的分隔板。

集成板常用的规格有2440mm×1220mm，常用厚度有9mm、12mm、15mm、17mm、18mm和25mm。常用材质有杉木、松木、香樟木、樟子松、白松、赤松、榆木、硬杂木、枫杨、欧枫。

2.3.6 三聚氰胺板

三聚氰胺板全称是三聚氰胺浸渍胶膜纸饰面人造板，见图2-18，是将带有不同颜色或纹理的纸放入三聚氰胺树脂胶黏剂中浸泡，然后干燥固化，将其铺装在刨花板、中密度纤维板正面和反面，经热压而成的装饰板。由表层纸、装饰纸、覆盖纸和底层纸等组成。

图2-18　三聚氰胺板

① 表层纸，是放在装饰板最上层，起保护装饰纸作用，使加热加压后的板表面高度透明，板表面坚硬耐磨，这种纸要求吸水性能好，洁白干净，浸胶后透明。

② 装饰纸，即木纹纸，是装饰板的重要组成部分，具有底色或无底色，经印刷成各种图案的装饰纸，放在表层纸的下面，主要

起装饰作用，这层要求纸张具有良好的遮盖力、浸渍性和印刷性能。

③ 覆盖纸，也叫钛白纸，一般在制造浅色装饰板时，放在装饰纸下面，以防止底层酚醛树脂透到表面，其主要作用是遮盖基材表面的色泽斑点。因此，要求有良好的覆盖力。以上三种纸张分别浸以三聚氰胺树脂。

④ 底层纸，是装饰板的基层材料，对板起到稳定的作用，是浸以酚醛树脂胶经干燥而成，生产时可根据用途或装饰板厚度确定若干层。

三聚氰胺板表面平整、不易变形、颜色多样、表面耐磨耐划、价格实惠。

常用规格 1220mm×2440mm、1525mm×2440mm 和 1830mm×2440mm 三种，常用厚度有 12mm、16mm 和 18mm。

2.3.7 防火装饰板

防火装饰板是用改性的三聚氰胺树脂、酚醛树脂浸渍，由表层纸＋色纸＋钛白纸＋多层牛皮纸经高温高压制成，见图 2-19。是目前用途广泛的材料，防火板的施工对于粘贴胶水的要求比较高，要掌握刷胶的厚度和胶干时间，并要一次性粘贴好。

防火板具有耐磨、耐高温、耐划、抗渗透、易清洁的特征。防火板的种类很多，有各种树种纹理、石材纹理，表面有亮光、哑光，品种齐全。防火板主要用于木墙面以及木作造型体饰面、橱柜、展柜等。

防火装饰板常用的规格有 2135mm×915mm、2440mm×915mm、2440mm × 1220mm，常用厚度有 0.8mm、1mm 和 1.2mm。

2.3.8 纸面石膏板

纸面石膏板是以天然石膏和护面纸为主要原材料，掺加适量纤

图 2-19 防火装饰板

维、淀粉、促凝剂、发泡剂和水等制成的轻质建筑薄板，见图 2-20。

图 2-20 纸面石膏板

纸面石膏板具有质轻、防火、隔声、保温、隔热、易加工、不老化、稳定性好的特点，且施工方便，广泛应用于各种工业建筑、民用建筑中的内墙和吊顶材料，如室内轻钢龙骨隔墙饰面和室内轻钢龙骨吊顶饰面等。纸面石膏板分普通、耐水、耐火、高级耐水耐火纸面石膏板。

纸面石膏板常用的规格有 3000mm×1200mm、2400mm×1200mm，常用的厚度有 9.5mm、12mm。

2.4 轻钢龙骨材

2.4.1 轻钢龙骨吊顶材

轻钢龙骨吊顶材采用密度比较小的钢制成薄板和采用镀锌铁板，经剪裁冷弯滚轧冲压而成。轻钢龙骨吊顶主要以轻钢龙骨做框架，然后覆上纸面石膏板制成。通过吊杆与楼板相接，用来固定吊顶，见图 2-21。

图 2-21 轻钢龙骨吊顶

轻钢龙骨由于具有刚度大、防火性能好和结构稳定的特点，适合各种饰面材料的铺设，整体装饰效果好。对于大型吊顶面材的施工，质量易控制，也便于上人检修吊顶内设备和线路。

轻钢龙骨吊顶材多用于防火要求高的室内装饰，如现代化厂房吊顶。轻钢龙骨吊顶按承重分为上人轻钢龙骨吊顶和不上人轻钢龙骨吊顶。按龙骨截面分 U 形龙骨和 C 形龙骨。按规格分 60 系列、50 系列和 38 系列。

轻钢龙骨吊顶材主要由主龙骨、副龙骨、边龙骨、角龙骨、连接件、吊件、吊杆、U 形安装夹组成，见图 2-22。

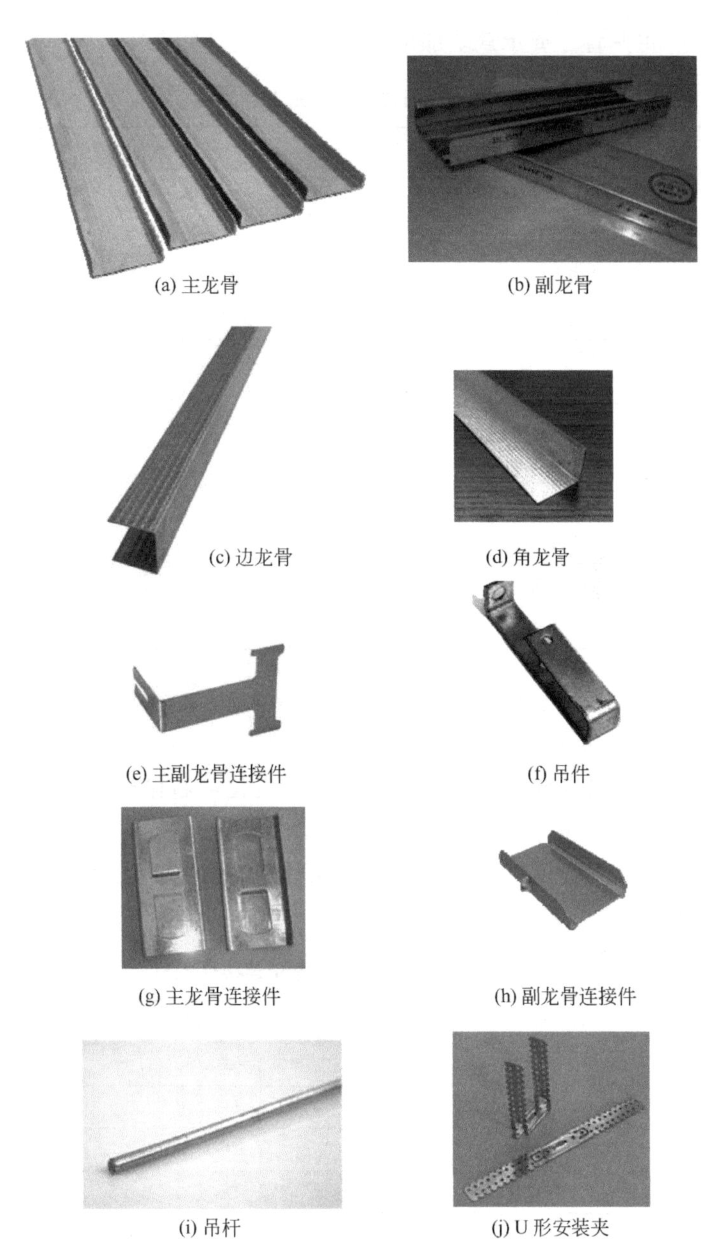

(a) 主龙骨　(b) 副龙骨

(c) 边龙骨　(d) 角龙骨

(e) 主副龙骨连接件　(f) 吊件

(g) 主龙骨连接件　(h) 副龙骨连接件

(i) 吊杆　(j) U 形安装夹

图 2-22　轻钢龙骨吊顶材

① 主龙骨主要承载全部吊顶重量，其规格见表 2-1。

表 2-1 轻钢龙骨吊顶主龙骨规格

产品名称	规格/mm
38 主龙骨	DU38×12×1.0
38 主龙骨	DU38×12×1.2
50 主龙骨	DU50×15×1.2
60 主龙骨	DC60×27×1.2

② 副龙骨主要悬挂石膏板，也可作横撑龙骨，其规格见表 2-2。

表 2-2 轻钢龙骨吊顶副龙骨规格

产品名称	规格/mm
50 副龙骨	DC50×19×0.5
60 副龙骨	DC60×27×0.6

③ 边龙骨主要固定吊顶四周及水平定位，制作检修孔，规格为 DC20×30mm×0.5mm。

④ 角龙骨主要固定吊顶四周及水平定位，制作检修孔，规格为 DL30×23mm×0.6mm。

⑤ 主副龙骨连接件主要用于主龙骨与副龙骨的连接，其规格见表 2-3。

表 2-3 轻钢龙骨吊顶主副龙骨连接件规格

产品名称	规格/mm
38/50 挂件	D38/50×1.0
50/50 挂件	D50/50×1.0
60/50 挂件	D60/50×1.0
60/60 挂件	D60/60×1.0

⑥ 吊件主要用于吊杆与主龙骨的连接，其规格见表 2-4。

表 2-4　轻钢龙骨吊顶吊件规格

产品名称	规格/mm
38 主吊	D38×2.0
50 主吊	D50×2.0
60 主吊	D60×2.0

⑦ 主龙骨连接件主要用于主龙骨的连接，其规格见表 2-5。

表 2-5　轻钢龙骨吊顶主龙骨连接件规格

产品名称	规格/mm
38 主接	D38×1.2
50 主接	D50×1.2
60 主接	D60×1.0

⑧ 副龙骨连接件主要用于副龙骨的连接，其规格见表 2-6。

表 2-6　轻钢龙骨吊顶副龙骨连接件规格

产品名称	规格/mm
50 副接	D50×0.5
60 副接	D60×0.6

⑨ 吊杆主要用于承载整个吊顶的重量，其规格见表 2-7。

表 2-7　轻钢龙骨吊顶吊杆规格

产品名称	规格/mm
吊杆 DG8	ϕ8×3000
吊杆 DG12	ϕ12×3000

⑩ U 形安装夹主要用于固定副龙骨，调整副龙骨的表面平整度，其规格为 30mm×125mm。

2.4.2　轻钢龙骨隔墙材

轻钢龙骨隔墙材采用密度比较小的钢制成薄板和采用镀锌铁

板，经剪裁冷弯滚轧冲压而成。轻钢龙骨隔墙主要以C形轻钢龙骨做骨架，隔墙配上隔音棉，然后双面覆上纸面石膏板制成，通过各式配件连接，并固定于顶、墙、地面，起到分隔作用。施工中往往为避免墙体受潮、霉变等质量问题，隔墙底部需制作地枕带基础，见图2-23。

图2-23 轻钢龙骨隔墙

轻钢龙骨隔墙具有重量轻、强度较高、耐火性好且安装简易的特性，具有防震、隔声、恒温等功能，同时还具有工期短、施工简便、结构稳定等优点。

轻钢龙骨隔墙材广泛用于宾馆、候机场、剧场、商场、工厂、办公楼等场所。轻钢龙骨隔墙按规格分75系列和100系列。

轻钢龙骨隔墙材主要材料由横龙骨、竖龙骨、通贯龙骨、支撑卡等组成，见图2-24。

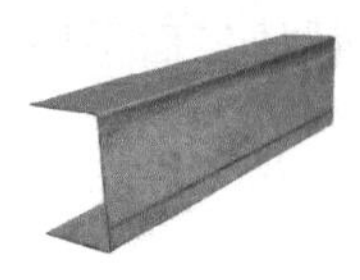

(a) 横龙骨

(b) 竖龙骨

(c) 通贯龙骨

(d) 支撑卡

图2-24 轻钢龙骨隔墙材

① 横龙骨主要安装在楼板下和地面上，用于固定竖龙骨，其规格见表2-8。

表2-8　轻钢龙骨隔墙横龙骨规格

产品名称	规格/mm
横龙骨	QU75×35×0.6
	QU100×35×0.7

② 竖龙骨主要用于悬挂石膏板，其规格见表2-9。

表2-9　轻钢龙骨隔墙竖龙骨规格

产品名称	规格/mm
竖龙骨	QC75×45×0.6
	QC100×45×0.7

③ 通贯龙骨主要穿在竖向骨架里面的，起到固定和加强竖向龙骨的作用，使墙体更牢固。其规格见表2-10。

表2-10　轻钢龙骨隔墙通贯龙骨规格

产品名称	规格/mm
通贯龙骨	DU38×12×1.0

④ 支撑卡主要用于穿心龙骨与竖龙骨的固定，其规格见表2-11。

表2-11　轻钢龙骨隔墙支撑卡规格

产品名称	规格/mm
支撑卡	Q75×0.7
	Q100×0.7
	Q150×0.7

第3章

装饰装修精细木工工具

随着时代的发展，装饰装修精细木工工具不断更新换代。先进的工具能更好更快地完成工作，提高工程质量，减少工期，节约人力成本。根据装饰装修精细木工的工作特点和工作环境，对其操作使用中的各类工具分为测量工具与检测工具、手工工具、电动工具。现对各类工具、主要木工机械和木工机械保养分别进行阐述。

3.1 测量工具与检测工具

3.1.1 测量工具

3.1.1.1 卷尺

卷尺是常见且普及最广、装饰装修工程木工必备的丈量工具。木工用的卷尺主要有钢卷尺、皮卷尺、鲁班尺3种（图3-1）。尺寸上有公制、英制和鲁班尺寸。钢卷尺用于下料和度量部件，小巧灵活，携带方便，常用规格有2m、3m、5m和8m。皮卷尺测量建筑室内长宽的尺寸或距离，常用规格有20m、30m和50m。鲁班尺用于传统性要求的尺寸度量。

钢卷尺使用时，应先检查尺头是否有损坏及其对零情况。尺面刻度是否清晰、有无划痕，尺面是否弯折、破损。钢卷尺左手握住，右手拇指和食指拉出尺条，将尺头挂在或顶到部件上，左手往

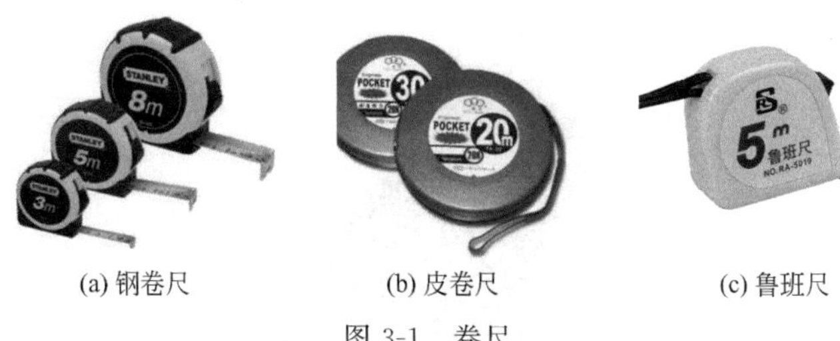

(a) 钢卷尺　　(b) 皮卷尺　　(c) 鲁班尺

图 3-1　卷尺

外拉长尺条，右手拇指往外一段段按住尺条，量好尺寸左手拇指按下尺盒上的制动按钮，确定尺寸，以确保尺寸的正确性。

皮卷尺使用时，应先检查尺头是否有损坏及其对零情况。尺面刻度是否清晰，尺面是否破损。皮卷尺由于规格长，尺带材质软，双面刻度，一般需要两个人同时使用，一人拉住尺头，一人拿着尺身放样，由拿着尺身的人读出尺寸。

鲁班尺使用方法和注意事项基本与钢卷尺相同，需注意的是尺面的尺寸标注，现在使用的鲁班尺一般是 1 鲁班尺＝429mm。

钢卷尺使用后，要及时把尺身上的灰尘用布擦拭干净，然后用新机油润湿，机油用量不宜过多，以润湿为准，存放备用。

3.1.1.2　手持式激光测距仪

手持式激光测距仪（图 3-2）适用于室内距离、面积、体积的测量，尺寸有公制和英制，测量距离一般在 200m 内，精度在 2mm 左右。外形小巧，携带方便，相比卷尺测量范围更为广阔精确。

手持式激光测距仪使用时，不能对准人眼直接测量，防止对人体产生伤害。激光测距仪发光器不具备防摔的功能，应小心轻放。手持式激光测距仪应靠墙放置或放在底板上，按下距离按钮打开激光器。将激光瞄准目标，再次按下距离按钮，然后直接从屏幕上读取测得的读数。在测量面积时，按下面积按钮，然后进行长度和宽度测量，手持式激光测距仪将自动计算面积。在测量体积时，按下体积按钮，然后测量长度、宽度和高度。

图 3-2 手持式激光测距仪

激光测距仪使用后应检查仪器外观，及时清除表面的灰尘脏污、油脂、霉斑等。清洁目镜、物镜或激光发射窗时应使用柔软的干布，严禁用硬物刻画，以免损坏光学性能。测距仪为光、机、电一体化高精密仪器，使用中应小心轻放，严禁挤压或从高处跌落，以免损坏仪器。

3.1.1.3 钢直尺

钢直尺（图 3-3）是用于测量部件长度尺寸和检验部件表面平整度的量具，尺寸有公制和英制，不锈钢材质精度高且耐磨损，用于榫线、起线、槽线等方面的划线。常用的有 150mm，300mm，600mm 和 1000mm 四种规格。

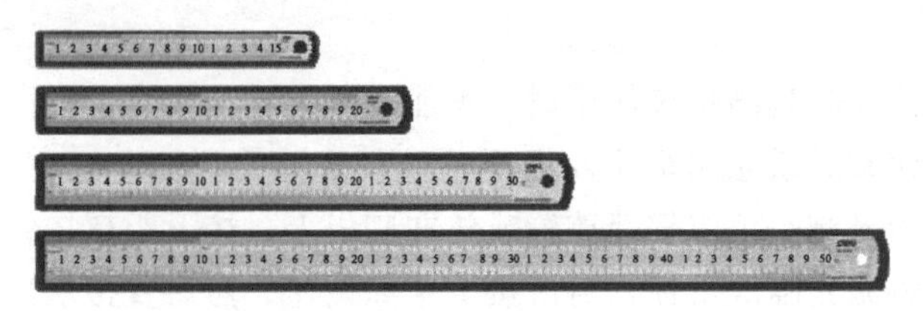

图 3-3 钢直尺

测量时左手把钢直尺放在木料上面，方形一面工作端边用拇指指甲抵住木料，右手握着铅笔，笔尖紧贴尺端，使笔尖在木料上画出直线，根据画线需要，双手向外移动，画出所要求长度的直线。移动钢直尺时，动作应平稳，防止木料毛刺划伤手指，同时防止钢直尺倾斜滑动偏离方向。

3.1.1.4 木折尺

木折尺（图3-4）是木工操作中常用的一种量具其作用是丈量木材、划平行线。其规格有四折、六折、八折，相比卷尺操作更容易，不会伸缩乱动。

图3-4 木折尺

画平行线时，左手握住折尺，中指指甲刻在所需平行宽度的刻度线下，右手画线贴尺端零位，双手同时平行向右托画，使平行线与基准边平行。画平行线时，左手中指的指甲一定要紧贴木料基准边，防止画出的线扭曲变形。

3.1.2 检测工具

3.1.2.1 水平尺

水平尺（图3-5）是测量和检测水平度、垂直度的工具。

图3-5 水平尺

水平尺一般有三个玻璃管，每个玻璃管中有一个气泡。将水平尺放在被测物体上，水平尺气泡偏向哪边，则表示那边偏高，即需要降低该侧的高度，或调高另一侧的高度。原则上，横竖都在中心时，带角度的水泡也自然在中心了。横向玻璃管用来测量水平面的，竖向玻璃管用来测量垂直面的，另外一个一般是用来测量45°角的，三个水泡的作用都是测量测量面是否水平之用，水泡居中则水平，水泡偏离中心，则平面不是水平的。水平尺悬挂、平放都可保管。

3.1.2.2 垂直检测尺

垂直检测尺（俗称靠尺）（图3-6）用于检测物体的垂直度、平整度及水平度的偏差。检测尺为可展式结构，合拢长1m，展开长2m。

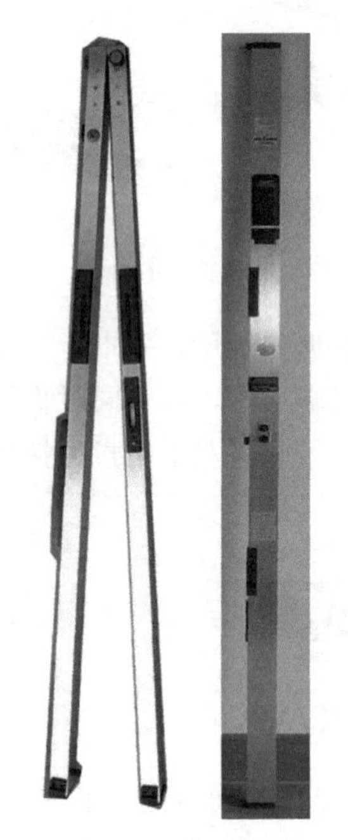

图3-6 垂直检测尺

① 垂直度检测。用于1m检测时，推下仪表盖，活动销推键

向上推，将检测尺左侧面靠紧检测面（注意：握尺要垂直，观察红色活动销外露3～5mm，摆动灵活即可），待指针自行摆动停止时，直接读取指针所指刻度下行刻度数值，此数值即检测面1m垂直度偏差，每格为1mm。2m检测时，将检测尺展开后锁紧连接扣，检测方法同上，直读指针所指上行刻度数值，此数值即检测面2m垂直度偏差，每格为1mm。如检测面不平整，可用右侧上下靠脚（中间靠脚旋出不要）检测。

② 平整度检测。检测尺侧面靠紧被测面，其缝隙大小用楔形塞尺检测，其数值即为平整度偏差。

③ 水平度检测。检测尺侧面装有水准管，可检测水平度，用法同普通水平尺。

垂直检测时，如发现仪表指针数值偏差，应将检测尺放在标准器上进行校对调正，标准器可自制，即将一根长约2.1m水平直方木或铝型材，竖直安装在墙面上，由线坠调整垂直，将检测尺放在标准水平物体上，用十字螺丝刀调节水准管"S"螺丝，使气泡居中。

3.1.2.3　楔形塞尺

楔形塞尺（图3-7）一般由金属制成，在其中斜的一面上有刻度，一般与检验工具水平尺和靠尺一起使用，是施工现场常用的检测工具。

图3-7　楔形塞尺

将水平尺和靠尺放于墙面上或地面上，然后用楔形塞尺塞入，以检测墙、地面水平度、垂直度误差。用来检查平整度、水平度、缝隙等。

3.1.2.4　角度尺

木工常用的角度尺有钢制直角尺、组合角尺和活动角尺，如

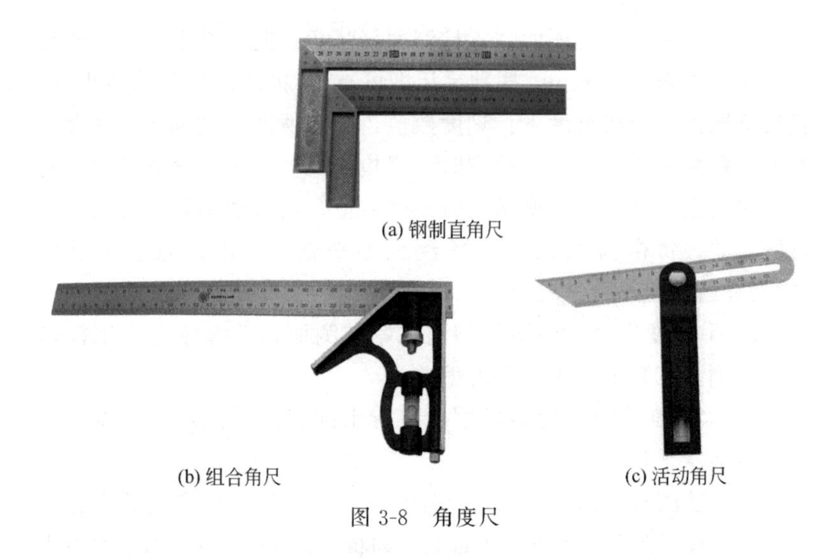
(a) 钢制直角尺

(b) 组合角尺

(c) 活动角尺

图 3-8 角度尺

图 3-8所示。

钢制直角尺（俗称检验角尺）用于检测加工件相邻处是否垂直，木面是否平直，并是在加工件上画横线和垂直线的主要工具。组合角尺是用来画 90°和 45°角的。质量上乘的组合角尺手柄内装有画针和手控测平水泡，对于做精确的设计和接合都是非常有用的，它还可以用来做木工机械的设置和校准。活动角尺（俗称滑动 T 形角度尺）是用来记录、复制和标记角度的，可以画任何斜线。

角度尺的直角精度一定要保护好，不得乱扔乱放，更不能随意拿角度尺敲打物件，造成尺柄和尺翼结合处松动，使角度尺的垂直度发生变化而不能使用。

3.1.2.5 磁力线坠

磁力线坠（图 3-9）是用于检测墙面的垂直度和垂直校正的工具，常用规格有 3m 和 5m 两种。

磁力线坠使用时，将上部固定与墙面或木饰面上，拉下坠头到检测位置，坠头自动停止，用卷尺测量线和检测面的距离，如上下尺寸一样，就是垂直。使用后把线坠拉回原位，取下磁力线坠。

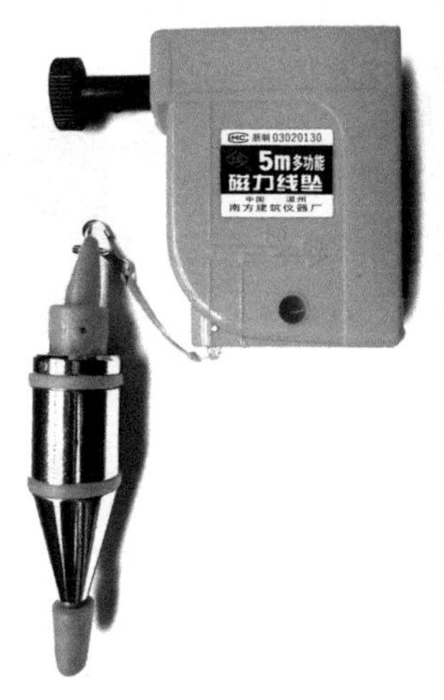

图 3-9 磁力线坠

在使用磁力线坠前，先确定磁坠是否安装妥当，作业时戴好安全帽和安全手套，在拉线时不要猛拉坠头。发现线有破损，必须马上终止作业，更换新线。线坠下方不能有人或易碎物品，如有应及时搬离。

3.1.2.6 史丹利系列激光检测工具

史丹利系列激光检测工具包括激光水准仪、激光投点仪、自动调平铅垂仪、激光投线仪。激光水准仪、激光投点仪、自动调平铅垂仪、激光投线仪（图 3-10）是带有激光指向装置的检测仪器，能快速完成水平、垂直方向的测量和检验，配有电池，使用方便，适用于室内外作业，具有精度高、视线长和能进行自动读数和记录等功能。

将激光水准仪等设备设置一个水平面上，并在这个水平面上扫射激光，然后用接收靶接收，当接收靶的中心与标高一致时可以根据这个读出标高来；激光水准仪等激光检测设备一个人可操作完成，未来将逐步取代传统的水平尺、靠尺和线锤，提高工程质量、节约工期、减少人力成本。

(a) 激光水准仪　(b) 激光投点仪

(c) 自动调平铅垂仪　(d) 激光投线仪

图 3-10　史丹利系列激光检测工具

3.2 手工工具

3.2.1 划线工具

3.2.1.1 木工铅笔

木工铅笔（图 3-11）是用于在木头上划线，然后按着这条线锯开木头。

3.2.1.2 自动卷取式墨斗

自动卷取式墨斗（图 3-12）的用途有以下几种。

图 3-11　木工铅笔

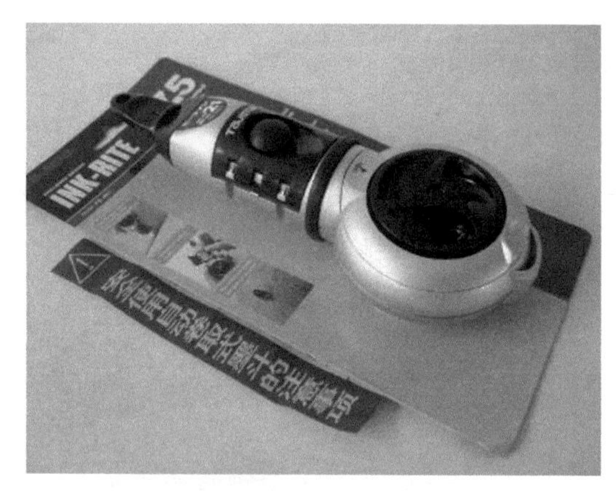

图 3-12　自动卷取式墨斗

① 作长直线：方法是将浸墨后的墨线一端固定，拉出墨线牵直拉紧在需要的位置，再提起中段弹下即可。

② 墨仓蓄墨：配合墨签和拐尺用以画短直线或者做记号。

③ 画竖直线（当线锤使用）：现在广泛和磁力线锤、激光水准仪配合使用。

3.2.1.3　锥子

锥子（图 3-13）是尖端锐利的、用来钻孔的工具，也是用来

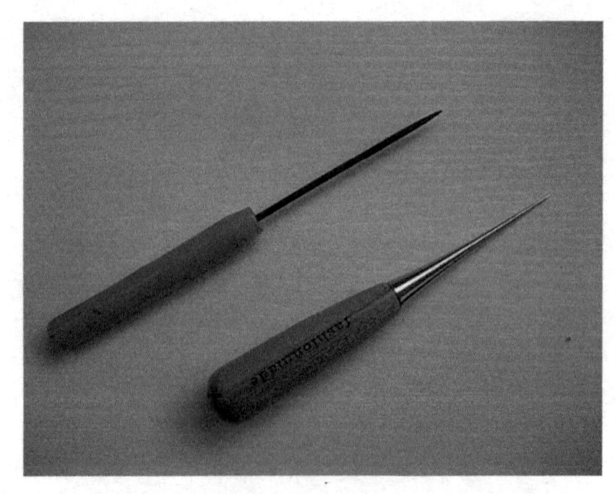

图 3-13 锥子

在木头上刻划线和做标记。

3.2.1.4 美工刀

美工刀（图 3-14）是不可缺少的工具，用于裁切比较松软单薄的材料，如纸张、松软木材等。

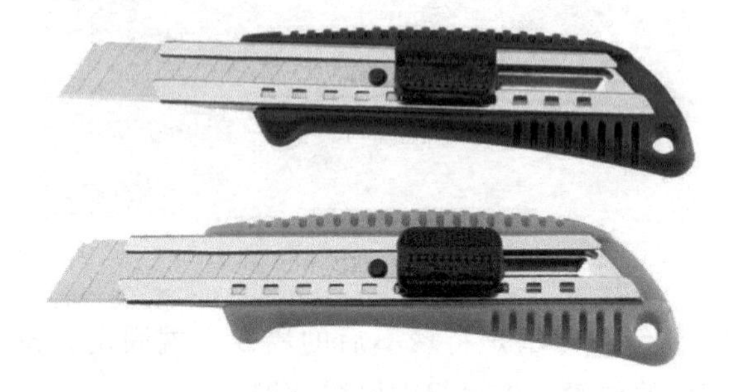

图 3-14 美工刀

3.2.2 手工工具

3.2.2.1 锤子

锤子（俗称榔头）（图 3-15）用于敲击或钉钉子，常用的有羊

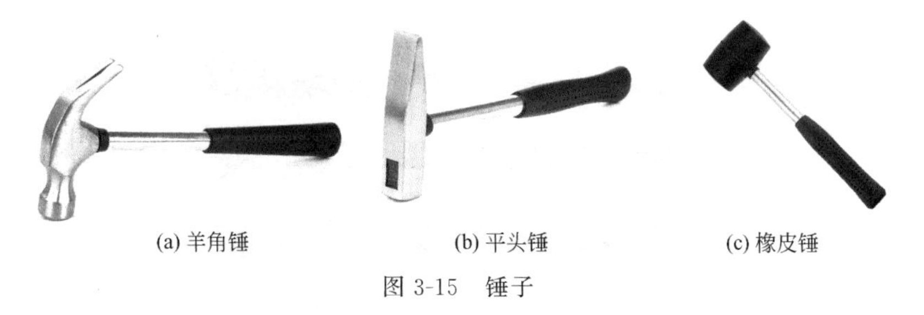

(a) 羊角锤　(b) 平头锤　(c) 橡皮锤

图 3-15　锤子

角锤、平头锤和橡皮锤。羊角锤可敲击和拔钉。

3.2.2.2　改锥

改锥（俗称螺丝刀）（图 3-16）是一种用来拧转螺丝钉以迫使其就位的工具，通常有一个薄楔形头，可插入螺丝钉头的槽缝或凹口内。有一字形、十字形、内六角形和外六角形。将相同形状端头的改锥（螺丝刀）对准螺丝的顶部凹坑，然后开始旋转手柄。根据规格标准，顺时针方向旋转为嵌紧，逆时针方向旋转则为松出。一字螺丝可以应用于十字螺丝，但十字螺丝拥有较强的抗变形能力。

图 3-16　改锥

3.2.2.3　木锉

木锉（俗称锉刀）（图 3-17）常用来锉削或修正榫眼及不规则边的表面，有粗锉和细锉之分。锉削时要求顺纹向锉，不然越挫越毛。其类型分为扁锉、圆锉和平锉。

3.2.2.4　刨子

常用的刨（图 3-18）是长刨和短刨，还有中长刨和中短刨。长

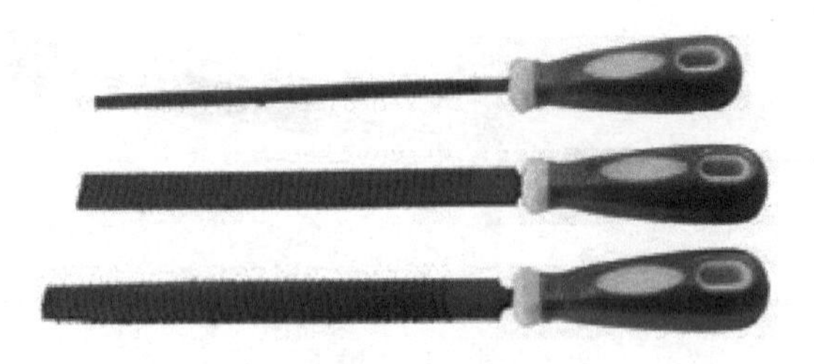

图 3-17　木锉

刨按照使用要求分粗刨和细刨，现在常用的以半粗细长刨为多，对木材表面进行平直度的加工。短刨作为细短刨，修光木料表面，达到平整光滑。

(a) 长刨　(b) 中长刨　(c) 中短刨　(d) 短刨

图 3-18　刨子

3.2.2.5　凿子

凿子（图 3-19）用于凿挖孔洞，凿子分平凿、斜凿、圆凿。

使用凿子打眼时，一般左手握住凿把，右手持锤，在打眼时凿子需两边晃动，目的是为了不夹凿身，另外需把木屑从孔中剔出来。半榫眼在正面开凿，而透眼需从构件背面凿一半左右，反过来再凿正面，直至凿透。

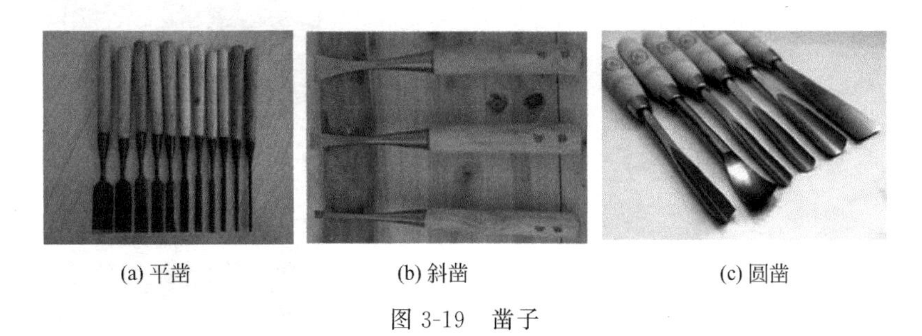

(a) 平凿　(b) 斜凿　(c) 圆凿

图 3-19　凿子

3.2.2.6　斧子

斧子（图 3-20）用于斩劈木材，是一种用于砍削的工具。斧的主要用法有：劈、砍、剁、抹、砸、搂、截等。

图 3-20　斧子

3.2.2.7　锯子

锯子（图 3-21）是用来把木料锯断或锯割开的工具，按其形状分有框锯和手锯。手锯主要分为板锯和搂锯。宽大的手锯叫板锯，窄小的手锯叫搂锯。

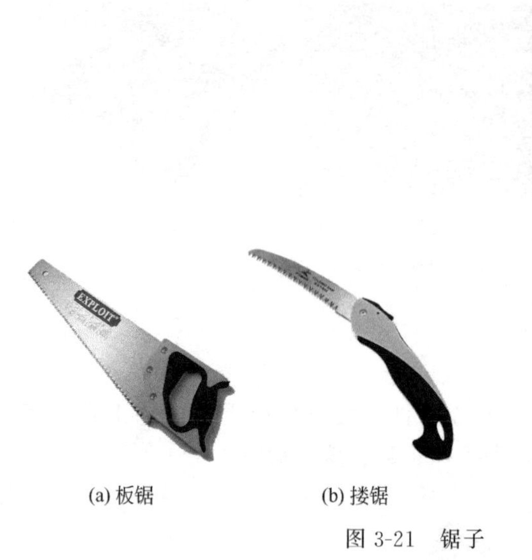

(a) 板锯　　(b) 搂锯　　(c) 框锯

图 3-21　锯子

3.3 电动工具

3.3.1 手持式电动工具

装饰装修精细木工常用手持式电动工具有电钻、电木铣、电动刨、修边机、砂带机、电圆锯、曲线锯、型材切割机等。

3.3.1.1 电钻

电钻（图 3-22）是用来打孔的钻孔机具，是手持式电动工具中的常规产品，也是装饰装修精细木工需求量最大的电动工具。电钻分为 3 类，即电锤、冲击电钻、手电钻。

电锤主要用在混凝土墙或楼板、砖墙和石材等硬性材料上，可钻 6～100mm 的孔，具有钻孔效率高、孔径大、钻进深度长的

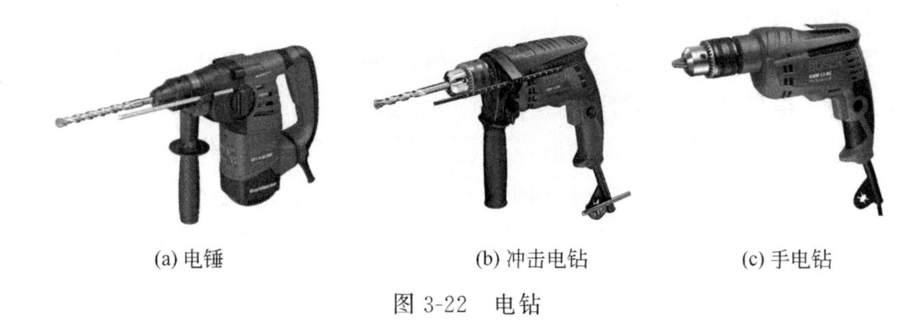

(a) 电锤　(b) 冲击电钻　(c) 手电钻

图 3-22　电钻

特点。

冲击电钻主要用于对混凝土地板、墙体、砖块以及石料，进行冲击打孔，还可以在木材、金属、陶瓷和塑料上进行钻孔和松紧螺丝。冲击钻电机电压有 0～230V 与 0～115V 两种不同的电压。

手电钻用于螺钉、木螺钉、自攻螺钉等的旋入和旋出操作，也可用于各种金属、木材的钻孔。当装有正反转开关和电子调速装置后，可用来作电动螺丝批。有的型号配有充电电池，可在一定时间内，在无外接电源的情况下正常工作。

操作人员使用电钻系列产品前，需做好个人防护，戴好防护眼镜，保护眼睛，当面部朝上作业时，需戴上防护面罩。作业时应使用侧柄，双手操作，防止堵转时反作用力扭伤胳膊。长期作业时要佩戴耳塞，保护耳朵。站在梯子上工作或高处作业时，应有地面人员扶持或配有保护设施，地面需设警戒标志。

操作人员使用电钻系列产品前，需检查电钻的安全性。检查施工场地所接电源是否是常规额定 220V 电压，电源插座必须配备漏电开关装置，若作业场所在远离电源的地点，需延伸线缆时，应使用容量足够、安装合格的延伸线缆，做好防止线缆被碾压损坏的措施。钻头与夹持器应适配，并妥善安装。不用时电钻开关应处于关闭状态。钻凿墙壁、天花板、地板时，先确认有无埋设电缆或管道等。

操作人员使用电钻系列产品时，应注意启动后空载运转，检查并确认机具联动灵活无阻。作业时，加力应平稳，不得用力过猛。

作业时应掌握电钻手柄，打孔时先将钻头抵在异型铆钉工作表面，然后开动，用力适度，避免晃动。钻孔时，应注意避开混凝土中的钢筋。电钻不得长时间连续使用。作业孔径在25mm以上时，应有稳固的作业平台，周围应设护栏，严禁超载使用。作业中应注意声音及温度，发现异常应立即停机检查。在作业时间过长，机具温度超过60℃时，应停机，自然冷却后再行作业。机具转动时，不得撒手不管。作业中，不得用手触摸电锯刃具、模具和砂轮，发现其有磨钝、破损情况时，应立即停机修整或更换，然后再继续进行作业。冲击电钻必须按材料要求装入$\phi 6 \sim \phi 25$之间允许范围的合金钢冲击钻头或打孔通用钻头。更换钻头时，应用专用扳手及钻头锁紧钥匙。熟练掌握和操作顺逆转向控制机构、松紧螺丝及打孔攻牙等功能。使用手电钻时，钻头不能卡住。若卡住，应立即关掉电源。钻头沾污时，请用软布或沾了肥皂水的湿布擦拭。

3.3.1.2 电木铣

电木铣（图3-23）是具有修边、修平；制作榫眼；做搭口槽和铣槽；铣制各种形状的多用途电动工具。电木铣固定安装在台板上，可作小型立铣机使用，这种设备能朝着固定的铣刀移动板材，而不会使板材跑偏。

图3-23 电木铣

使用过程中要牢牢控制电木铣。铣边时，要朝与切割头相反的方向移动电木铣。用台式电木铣时，应确保双手的安全。更换铣刀要拔掉电源插头。

3.3.1.3 电动刨

电动刨（图 3-24）是由电动机驱动刨刀进行木料刨削作业的手持式电动工具，具有效率高，刨削表面平整、光滑等特点。

图 3-24 电动刨

刨料时应视木料的长短，采用不同的姿势，入料时一手向下压前端，另一手托住木料的后端，长料尽量往后托，保持木料平稳，保证被刨削面与电刨平台完全吻合，不能翘变，否则刮出来的面会不平。在刨到尽头时前手随木料前移并向下压，不得超过平台，后手压在尾端向前推，若是长料，单手压不住，前端最好有人接一把，这样才能保证木料刨削平整。

3.3.1.4 修边机

修边机（图 3-25）大多用于木材倒角，或接口处进行修边等沿边活动型较强的修边机具。

使用时用手正确掌握，沿着加工件均匀运动，速度不宜太快。应按事先的边线进行操作，以免损坏物件。使用后应切断电源，清除灰尘。

图 3-25 修边机

3.3.1.5 砂带机

手提式砂带机（图 3-26）主要用来做木饰大面积的磨平工作，具有重量轻、使用安全、效率高的特性。

图 3-26 砂带机

手提式砂带机用的是连续、可更换的砂带，能快速磨平木质的表面，掌握不妥时，容易产生凹坑或者凸起现象。

3.3.1.6　电圆锯

电圆锯（图3-27）是通过电动机为动力驱动圆锯片进行锯割作业的工具，具有安全可靠、结构合理、工作效率高等特点，适用于对木夹板、木方条、纤维板，以及类似材料进行锯割作业。

图3-27　电圆锯

启动时电圆锯必须处于悬空位置，必须双手握持，手指不得置于开关位置，锯齿必须离开被切割工件，防止电圆锯启动时跳动触碰到被切割工件。作业时，加力应平衡，不得用力过猛。操作者的身体必须与设备保持适当的距离。不得在高过头顶的位置使用电圆锯，防止电圆锯或被切割工件脱落造成事故。

3.3.1.7　曲线锯

曲线锯（图3-28）可做直线或曲线锯割，可在木板中开孔、开槽，其导板可做一定角度的倾斜，便于在工件上锯出斜面。

使用操作中双手握住机器，均匀前进，不可左右晃动，否则会折断锯条，损伤工具。

3.3.1.8　型材切割机

型材切割机（图3-29）适合锯切各种铝门窗材、电木板以及木方料等材料，可作90°直切，45°～90°左向或右向任意斜切等。

图3-28 曲线锯

图3-29 型材切割机

型材切割机使用前应穿好工作服，戴上口罩或面罩，必须认真检查设备的性能，确保各部件完好。切割时操作者必须偏离锯片正面，并戴好防护眼镜。

在使用型材切割机时，加工的工件必须夹持牢靠，严禁工件装夹不紧就开始切割。严禁在锯片平面上修磨工件的毛刺，更换新锯片时，不要用力锁紧螺母，防止锯片崩裂。装夹工件时应装夹平稳牢固，防护罩必须安装正确，装夹后应开机空运转检查，不得有抖动和异常噪声。设备出现抖动及其他故障，应立即停机修理。加工完毕应关闭电源，将设备及绝缘用品一并放到指定地方。

3.3.2 木工气动工具

常用木工气动工具有手推式空气压缩机、气钉枪、气动冲击螺丝刀、吹气枪等。

3.3.2.1 手推式空气压缩机

手推式空气压缩机（图3-30）是充气设备，用于各类钉枪充气射钉。空气压缩机是气源装置中的主体，是压缩空气的气压发生装置。

图3-30 手推式空气压缩机

使用设备前，先检查各部螺丝或螺母，是否有松动现象；皮带松紧是否适当；压缩机工作前，最好空转2～3min以上，再正常操作。检查运转方向是否和指示箭头指向相同，若不相同时，三相马达应将三条电源中任意两条对换即可。空气压缩机使用后，应旋开桶排污阀，将桶内所凝聚的水分及油污等排除干净。空气压缩机在运转中若遇停电或使用后，务必将电源切断，以确保安全。

3.3.2.2 气钉枪

气钉枪（图3-31）用于在木龙骨上钉木夹板、中纤板、刨花板等板材和各种装饰木线条。配有专用枪钉，与手推式空气压缩机连接使用。

图3-31 气钉枪

木工气钉枪适用于一般的空气压缩机，气压调整至0.45～0.75MPa，配用三件套的空气供应装置（空气滤波器、空气稳压器、润滑油）以获得洁净、干燥、稳定、润滑的压缩空气，可延长工具的使用寿命。每天使用前，从接头处滴入2～3滴润滑油，以保持内部零件润滑，增加工作效率与枪的使用寿命。枪体装有安全保险装置，使用时将枪嘴下压于工作物，然后扣动扳机。所有管路系统必须保证没有漏气现象，以稳定气压。不要对空打钉，因钉子可能伤害使用者或他人，而且会使钉枪受损。

3.3.2.3 气动冲击螺丝刀

气动冲击螺丝刀（图3-32）是用于拧紧和旋松螺丝螺帽等用的气动工具，与手推式空气压缩机连接使用。由于它的速度快、效率高、温升小，已经成为组装行业中必不可缺的工具。

图 3-32　气动冲击螺丝刀

气动接头使用时不要超过最高使用压力。不要在混入金属粉或砂尘等地方使用，防止造成气动接头工作不良或泄漏。请勿拆卸快速接头。

3.3.2.4　吹气枪

吹气枪（图 3-33）适用于机械设备除尘，与手推式空气压缩机连接使用，是不可或缺的设备，可以保持工作场所干净与整洁。

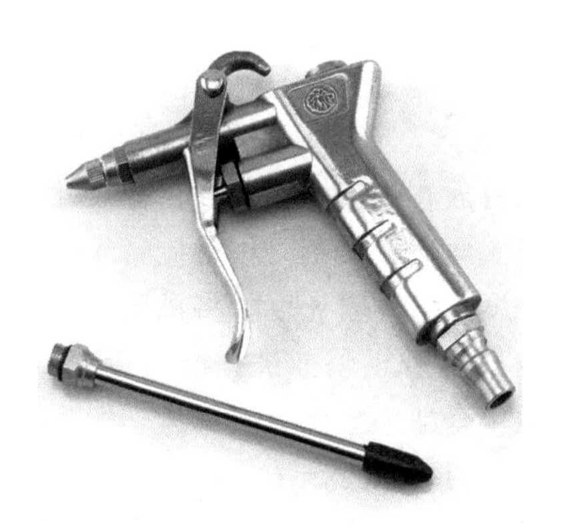

图 3-33　吹气枪

使用工作过程中不要正对吹气枪，要注意安全，防止飞溅物向四周飞散。

3.4 主要木工机械

木工机械是指在木材加工工艺中，将木材加工成半成品或部件、部品的专用机床，一般在家具厂、木材加工中心使用。随着建筑装饰行业的飞速发展，需积极推广木制部件现场测量放样，由工厂化生产加工，实现现场组装。作为一位现代木工，需改变传统观念及生产方式，了解当今先进木材加工机械设备。现今一部分符合条件的建筑装修施工工地，可设立安全加工车间，备有锯裁、平刨设备等，聘请有专业加工能力的木工进行操作。

3.4.1 木工机械（锯切、精裁）

3.4.1.1 精密推台锯

精密推台锯（图 3-34）用来对各类木材进行各种方向的切割（直切、横切或斜切），有小型精密推台锯、大型精密推台锯、电脑控制精密推台锯等。

使用精密推台锯前，需将推台锯台面及周围清理干净，检查锯片是否锋利，大小锯片是否在一条线上。试机时间约 1min，看机器运转是否正常，检查大小锯片旋转方向，确保锯片旋转方向正确。将准备好的板材放在推床上，调好挡位尺寸，开始切割。

使用人员要佩戴面罩，切割时板材应紧靠靠挡，不可移动。根据板材的厚度和硬度调整开料速度，将机床匀速推进，不可过快过猛。开小料时，应用木条压紧推进。严禁用手到转动的锯片旁取物。开出的板材边角有缺陷，应更换锯片。切割任务完成后，关掉电源，做好锯台及周边的卫生。

3.4.1.2 精密开料锯、数控裁板机

精密开料锯、数控裁板机（图 3-35）相比推台锯更为精确，

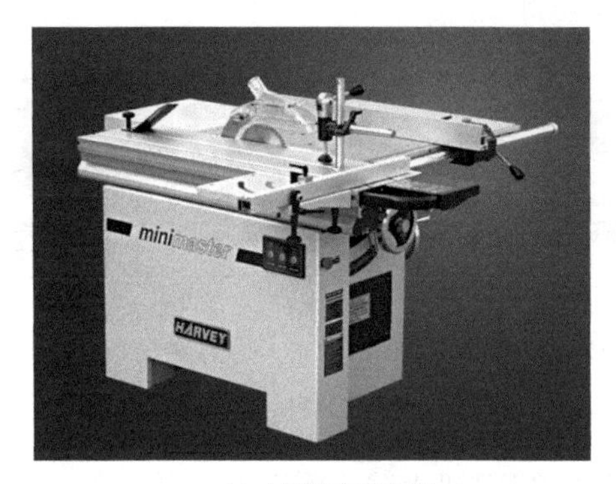

(a) 小型精密推台锯

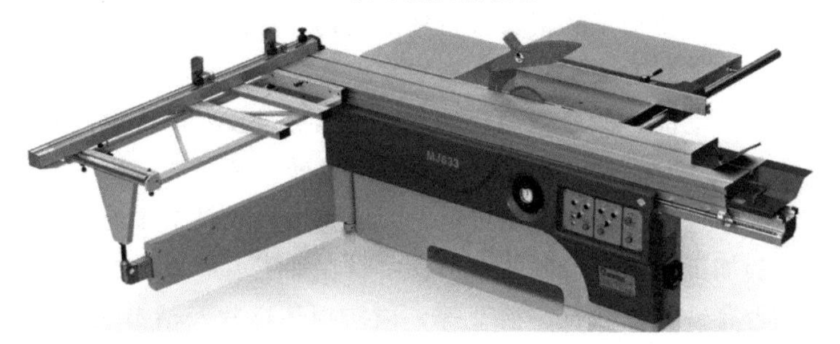

(b) 大型精密推台锯

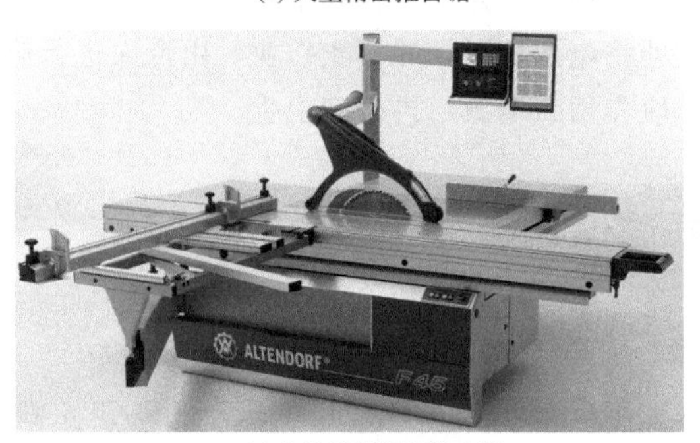

(c) 电脑控制精密推台锯

图 3-34　精密推台锯

开料过程操作简单，普工参加生产厂家组织的培训，便可上机操作，可为企业节省人工成本，广泛应用于家具厂、木材加工中心。精密开料锯、数控裁板机是采用全自动触摸屏控制，人机一体化操

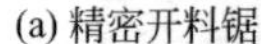

(a) 精密开料锯　　(b) 数控裁板机

图 3-35　精密开料锯和数控裁板机

作，在触摸屏或者 PC 机上输入需要开料的数据，启动机器，机器自动运行对需要加工的板材进行精准裁切。其广泛用于密度板、刨花板、细木工板、多层胶合板及实木板等板材的精密裁切。

机器开动前，需检查锯片垫和压紧螺母以及各部位螺钉是否牢固，安装锯片时，注意切削方向，不可逆转。不允许锯片在无保护罩的情况下进行工作。手工进料时，要将木材紧靠工作台和定位靠板，严禁加工手不能控制的木料。木材在加工前应先检查木料被锯切处是否有铁钉、砂石、活节等，以防损坏锯片及活节飞出伤人。切削方向不可以站人，操作者在收集木料时也要注意安全。发生故障时，要立即将电源切断，并停止作业，由专人进行修理调整。作业结束后，应先切断电源，再打扫卫生。

3.4.2 木工机械（成形）

3.4.2.1　仿形木工车床

仿形木工车床（图 3-36）是用木工车刀加工木料旋转表面或复杂外形面的木工机床，可以通过旋转板材为其塑形。

仿形木工车床靠模与工件平行安装，靠模可固定不动或与工件同向等速旋转。刀具由靠模控制作横向进给，由刀架带动作纵向进给。有立式与卧式、单轴和多轴之分，用于加工楼梯栏杆、圆球、桌椅脚、圆木柄、老虎脚等复杂外形面。

(a) 小型仿形木工车床　　(b) 大型仿形木工车床

图 3-36　仿形木工车床

使用木工车床前，均应设置有效的制动装置，安全防护装置和吸尘排屑装置。木工机械设备在使用过程中，必须保证在任何切削速度下使用任何刀具时都不会产生有危害性的振动，以免操作时发生危险。凡是外露的皮带盘、转盘、转轴等，都应有防护罩壳。刀轴和电器应有连锁装置，以免装拆和更换刀具时，误触电源按钮而使刀具旋转，造成伤害。凡有条件的地方，对所有的木工机械均应安装自动给进装置。

3.4.2.2　数控木工车床

数控木工车床（图 3-37）是一种高效率的自动化设备，它的效率高于仿形木工车床的 2～3 倍。它的加工对象是木材，特别适合少品种而批量大的制作，如实木楼梯栏杆。数控木工车床的使用，无论是对企业的生产效率，还是对产品的加工精度、准确度等，都有很大的提高，更加适合现代社会高标准、高精度的要求。

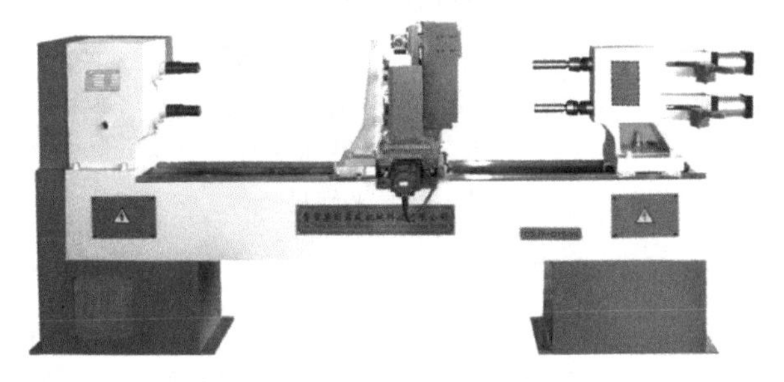

图 3-37　数控木工车床

使用数控木工车床前，施工现场要整理清洁，刀具应装在可调节的刀架上或手握着紧靠在刀架上进行车削，不准悬空和拿着车削。加工工件应卡紧并用顶针顶紧，盘车试转，确认无误后，方可开车。车床转动时，不得用手制动，严禁测量工件尺寸和清理机械上下的木屑，出现紧急情况可直接按下急停开关。作业时，不得用手试摸工件的光滑程度。砂纸打磨时，应将刀架移开后进行。排除故障时，应待机停稳后，切断电源。检查配电箱时切断总电源，让配电箱处于无电状态。加工完毕后切断电源，清理木屑，打扫卫生。

3.4.2.3 平刨机

平刨机（图 3-38）可以刨平、刨直木材，可以对木质门窗框进行裁口，裁口的宽度与深度可调节。附带的锯片可以锯一些小型的原木方。按照马达的功力大小，决定能够锯多少厚度的木方。附带有打眼的钻头时可开孔打眼，可以打实木门窗框以及家具上的榫眼。

图 3-38 平刨机

平刨机必须有安全防护装置，否则禁止使用。刨料时，操作者应保持身体稳定，双手操作。刨大面时，手要按在料上面。刨小面时，手指不低于料高的一半，禁止手在料后推送。被刨木料厚度在

30mm，长度小于400mm，必须用压板或推棍，禁止用手推进。遇节疤、戗槎要减慢推料速度，禁止手按节疤上推，刨旧料必须将铁钉、泥砂等清除干净。换刀片应拉闸断电或摘掉皮带。同一台刨机的刀片重量、厚度必须一致，刀架、夹板必须吻合。刀片焊缝超出刀头和有裂缝的刀具不准使用。紧固刀片的螺钉，应嵌入槽内，并离刀背不少于10mm。

3.4.2.4　木工镂铣机

木工镂铣机（图3-39）是一种用于木料镂孔的专用机械，可以按要求的形状做模具镂孔。设备的功能主要是以开榫、镂眼、修边为主。在密度板、木门镂铣花纹上广泛应用。镂铣机使用比较灵活，可以根据我们所需要的形状制作出合适的模具，安装合适的型刀就可以按要求加工。木工镂铣机主要应用于家具部件生产；板式办公家具异形切割；仿古木制品浮雕加工；免漆门批量制作及高密度板的切割加工。

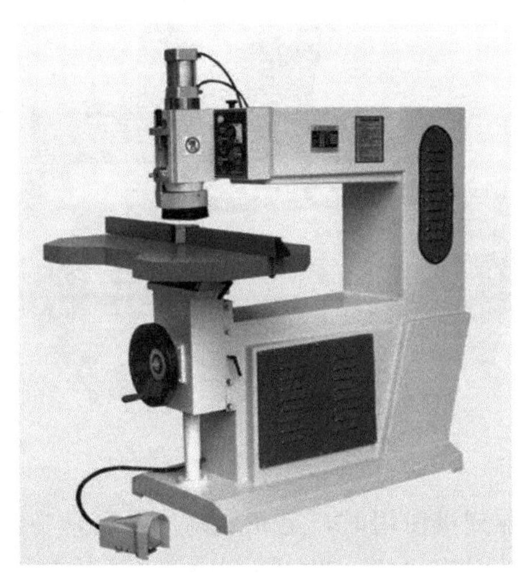

图3-39　木工镂铣机

加工前，作业区域必须清理干净。木工镂铣机需接地线，以防漏电。检查各部零件是否完好，如有损坏应切断电源，更换部件。使用推荐的配件和本机设计功能范围内的刀具或配件，不正确的配件易发生危险。操作机器时需站立平稳，使用夹钳夹工件，不要徒手进给工件。工件进给方向需逆锯片回转的方向。为确保安全，如使用刀具半边切削功能的工件，尽量使用挡板挡住刀具，工件靠挡板推行切削。在作业前试机时发现轴承不正或装好的刀具声响很大，应切断电源停止作业机器待检。机器使用完后，应关闭电源、清理台面。

3.4.2.5 数控木工雕刻机

数控木工雕刻机（图 3-40）主要用于木门、密度板的切割和雕刻。在木工行业广泛应用，如立体波浪板加工，橱柜门、实木门、工艺木门、免漆门，屏风、工艺扇窗的加工等板式家具产品的辅助加工。木工雕刻机根据配置高低，分为自动换刀木工雕刻机和普通单头或双头木工雕刻机。

图 3-40 数控木工雕刻机

数控木工雕刻机使用时，定完雕刻位置后，必须把 X、Y、Z 轴工件坐标全部归为“0”。调好雕刻速度和主轴电机转速，以防雕刻时出现速度过快、转速过慢而断刀。自动对刀时，注意刀具材质跟雕刻机台面必须绝缘。雕刻时，如果对第一刀没把握或怕出错时，可以把进刀速度调慢，觉得雕刻正常时再把速度调回正常；也可以在空程中模拟雕刻，看是否正常。每天连续运行时间不超过10h，保证冷却水的清洁及水泵的正常工作，绝不可使主轴电机出现缺水现象，要定时更换冷却水，以防止水温过高。冬季如果工作环境温度太低可把水箱里面的水换成防冻液。每次机器使用完毕，要切断电源，务必将平台及传动系统上的粉尘清理干净，定期对传动系统（X、Y、Z 三轴）润滑加油。

3.4.3 木工机械（砂光）

自动进料系统的木工砂光机（图 3-41），具有操作简单、自动化程度高、生产效率高、技术成熟稳定、配套完善等特点，可以和自动生产流水线完美地对接，组成各种自动生产线。

(a) 自动化木线条砂光机

(b) 宽带砂光机

图 3-41　砂光机

自动化木线条砂光机是专业对各种形状木线条进行砂光的机器，利用砂带、砂布（纸）砂光木工件表面，适合异型线条的砂光，减少人力，增进产能。复杂的直线仿形边的砂光，砂带速度和送料速度均采用无级变速。

宽带砂光机主要用于木饰大块板件表层砂光及实木板、胶合板、刨花板等板材表面精抛光，针对材质种类和性质的不同，可配置各种不同硬度的软质砂光辊，以符合砂光需求。

砂光机在运行当中，会产生大量的粉尘，操作时必须佩戴眼镜、口罩等相应的防护用具。机器在运行当中，严禁触碰砂带等。砂光设备要安装在干燥、通风、无阳光直射的地方。砂光机使用时，要有配套的除尘设备。带式砂光有发现砂带跑偏时，应及时调节。

3.4.4 木工机械（钻孔）

3.4.4.1 台钻

台式钻床简称台钻（图3-42），是一种体积小巧，操作简便，通常安装在专用工作台上使用的小型孔加工机床。台式钻床钻孔直径一般在32mm以下，最大不超过32mm。

图3-42 台钻

台钻使用前要检查各部件是否正常。钻头与工件必须装夹紧固，摇臂和拖板必须锁紧后方可工作。装卸钻头时不可用手锤和其他工具物件敲打，也不可借助主轴上下往返撞击钻头，应用专用钥匙和扳手来装卸，钻夹头不得夹锥形柄钻头。钻薄板需加垫木板，应刃磨薄板钻头，并采用较小进给量，钻头快要钻透工件时，应适当减小进给量，要轻施压力，以免折断钻头损坏设备或发生意外事故。钻头在运转时，禁止用棉纱和毛巾擦拭钻床及清理铁屑。切削缠绕在工件或钻头上时，应提升钻头，使之断削，并停钻后用专门工具清除切削。必须在钻床工作范围内钻孔，不应使用超过额定直径的钻头。更换皮带位置变速时，必须切断电源。工作中出现任何异常情况，应切断电源。钻床使用完后必须切断电源，台面擦拭干净，零件堆放及工作场地应保持整齐、整洁。

3.4.4.2　排钻

排钻（图3-43）是具有多个钻头且可协同工作的多孔加工机械。板式家具零部件的钻孔是采用各种类型的排钻加工而成的。钻孔是加工的最后一道生产工序，在设计上必须根据排钻的类型和生产的工艺，合理地布置零部件的孔位以达到在一次定基准后完成钻孔要求，实现多孔位基准的目的，确保钻孔的加工精度。排钻常见有单排钻、三排钻和六排钻。

排钻使用前先清理干净工作台面，检查气压、调整仪表盘上的加工数据，检查气压是否在0.7～0.8MPa之间，试机时间约1min，看机器运转是否正常。明确打孔应注意的事项，并在板材上标注，理板时仔细核对基材确保基材正确。仔细量好每块板，并在打孔时注意板材有无损坏，如有损坏、明显爆边、基材有问题的要直接更换。核对产品尺寸与图纸是否一致，确认加工件结构及图纸所标孔距的位置。每批次产品必须进行试组装，并详细填写试组装报告。批量生产前要试组装、试加工，待跟图纸核对完成后再批量加工。每批产品加工完成后，需要试组装一台，详细填写试组装报告。仔细填写流程卡的各项信息，特记事项需明确标注。每加工20～30个工件要对钻头做一次检查，利于排孔质量。换钻头时应注意脚动开关，以防开启伤到自己。认真校对基准，确保柜体装起

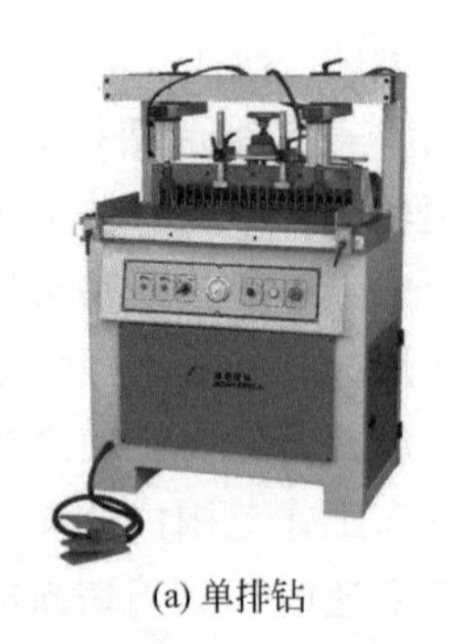

(a) 单排钻

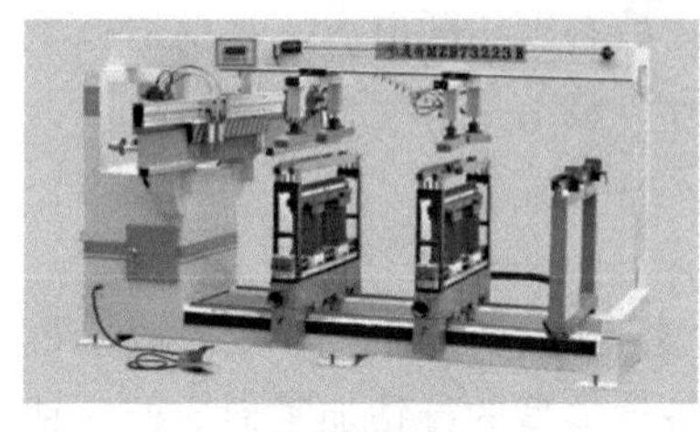

(b) 三排钻

(c) 六排钻

图 3-43 排钻

来没有明显的前口突出缩进情况。当机器异常时应立即按紧急开关。作业结束应关闭电源，清理台面，钻头及辅件要放在指定区域。

3.4.5 木工机械(压力胶合)

3.4.5.1 冷压机

木工冷压机（图 3-44），是用来压合木饰面板件、木门，以及家具板件的整平、定型，可以使板材间黏合更加牢固，其压力强劲、不回力。木工冷压机的工作形式大致可以分为螺杆型和液压型。一般液压冷压机的性能各方面较好。普通家具厂一般都有配备木工冷压机，用于压合胶合板件、实木门等。

操作前应对机台的油路、电路、压板中有无异物等进行全面检查，并要空车试运行，确认良好后方可作业。操作时禁止冷压机下

图 3-44　木工冷压机

方站人。操作中应注意油箱、油位及柱塞密封情况，如发现滴漏现象应及时停机处理。装入压机的加工物件放置应平整，保持整洁。加工物件之间堆放应齐整，结合间隙不超过 2mm。严禁开机时在压板内及机械传动部位用手拿物或垃圾，以防发生挤伤事故。压机在作业中，严禁修理。如发生故障，要停机后方可修理。严禁在油箱周围使用明火和吸烟，严禁开机时擅自离开或嬉笑打闹等。操作工应随时注意电机及泵组的声音是否正常。工作结束后，应停机拉闸，打扫现场，做好交接班工作。

3.4.5.2　热压贴面机

热压贴面机（图 3-45）分为双贴面热压机和单贴面热压机。广泛使用在中型家具厂和小型人造板二次加工（专业贴面）工厂，用来热压黏合家具板件、建筑装饰隔断、木饰挂板木门和各种人造板表面压贴天然薄木等装饰材料。

在使用热压贴面机时，机器应由专人负责管理，开机前工作台面要清理干净，检查电源开关接线处有无松动，以免出现接触不良；检查各调压阀的锁紧螺母及机器上其他螺栓、螺母

图 3-45 热压贴面机

是否松动；检查油路有无漏油现象；轴向柱塞泵在新泵第一次试车前及长时间停机运转前，必须向其加油孔加注清洁的液油，液油的清洁程度是液压系统正常工作的关键，严禁杂质、水分及空气混入油液中；钢板在使用前，须在表面均匀地涂上一层外用脱膜剂，以避免压贴过程中树脂模板的污染，以达到较好的贴面效果。

压机操作中及检修时均要注意安全，手不得放入热压板内。当本机处在打雷闪电区域时必须停机，并切断总电源。保持油路开关处于打开状态，开机状态下，操作员不得离开岗位。预热压机时应闭合压机电源，在无压的前提下，逐渐提升温度，直到升至压贴所需用温度方可投入正式生产，以保证贴面质量，循环泵严禁反转。没有特殊情况不得随意更改输送带运行速度及卸载速度、时间等参数，严禁随意改动液压管路及电控接线，不得随意调节各阀的手轮，不得随意打开油箱及空气滤清器盖，如需要必须由专业人员处理。当压机液压油油箱内温度超过 50℃时必须使用冷却器。夏天应该选用黏度较高的液压油，冬天选用黏度较低的液压油。当压机液压油油箱内温度达 65℃时，液压泵壳上的最高温度不得超过 75～85℃，否则应停止使用。模具及工件在活动台面上铺装时应注意对中，严禁偏压。应保持压机干净和受力均匀，及时仔细清除模板表面的残留物，以免使用时降低成品质量。正常使用中，要经常观察贴面及钢板的变化，如出现异常应及时分析处理，如有污染及时对钢板进行清理、清洗。当压机连续工作 12h 后，务必间隔 4h 后再工作。发现异常声响及时停车，发现故障及时排除。在生产中，应特别注意对压板的清理清洁，防止油污杂物及铁质物品误落压板面，以免造成废、次板及压板损坏的恶性事故。人离机时需关闭开关，切断电源。

3.4.6 木工机械（表面处理）

封边机（图 3-46）是用来为板材封边，有曲直线封边机和直线封边机的区别。曲直线封边机为手动式封边机，直线封边机为全自动式。全自动直线封边机可以自动完成板材封边工作的木工机床。曲直线手动封边机适用于曲直线封边，及各种形状木饰部件的封边作业。

(a) 手动曲直线封边机

(b) 全自动直线封边机

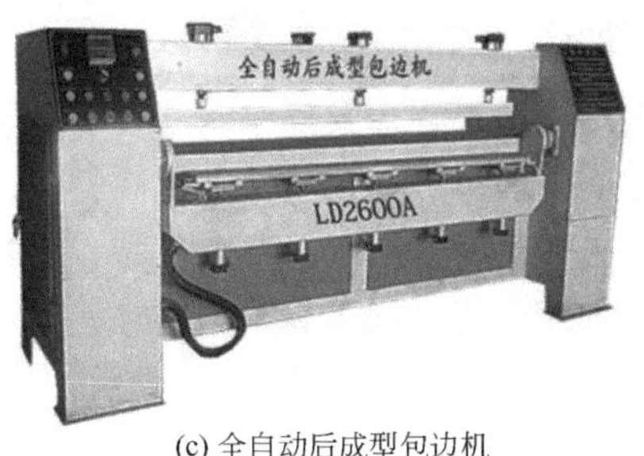

(c) 全自动后成型包边机

图 3-46 封边机

目前，木饰部件的封边大多在封边机上进行。封边机按照自动化程度可以分为手动、半自动和全自动，直线封边可以使用普通直线封边机，还可以使用软成型封边机、后成型封边机、双端封边机等。相对而言，曲线封边加工比较复杂，可以使用手动封边机、加工中心、半自动或者全自动的数控封边机来进行。

封边机应由专人负责管理，开机前工作台面应清理干净，封边机使用前检查安全防护罩是否定位可靠，检查各部件有无工具或异物放置。齿锯是否可活动，是否完全锁紧，送料时严禁将手放至输送带上，在使用机器期间发现封边机卡住事件，需等待机器停止运行后，切断电源进行维护操作。封边机刀具运转时转速请勿超过最高转速，变形或破裂的刀具应及时更换。使用完毕后，关闭开关，切断电源，清理工作台面。

3.5 木工机械保养与维护

木工机械一般为大型落地机械，是企业中的固定资产，价值高，需派专人管理，定期参加机械生产厂家的培训课程，正确地使用并实施定期的保养，则可以最大限度地延长木工落地机械寿命，提高加工效率。本节将具体阐述家具厂和木材加工中心主要木工机械的保养。

3.5.1 木工机械使用规范

按木饰加工生产流程，合理布局车间。自动化装配设备与手动加工等设备安置在不同的区域，保持整个车间整洁。

木工机械对维修人员的专业水平要求较高，家具厂一般的电器人员对难度较大的机械电器维修还有一定困难，但可以在机器制造厂家的指导下，做好电器的日常保养和定期检修，随时排除木工机械电器使用过程中产生的事故隐患。

家具厂商在新增机器设备后一定要重新估算车间内的耗电总容

量，原有电器容量不够的一定要增容，不能等到机器出了故障再增容。增加设备不增加耗电容量，就等于埋下了电器灾险的隐患。

保证气源的洁净度，并定期往气动组件的油雾器中加入规定牌号的润滑油，以延长各气动组件的使用寿命。

更换陈旧的、线截面积不够的电缆线，保证机械电器使用的需要。在区域性电压稳定的情况下，单位内电压不稳可考虑更换电缆线；在区域性电压不稳的情况下要考虑增容并更换电缆线。

木工机械的耗电功率有大有小，在生产中要合理搭配功率大小不一的机械，保持单位时间内机械耗电功率的相对平衡。

按设备操作规程操作，以防止因错误操作而损坏设备上的模具、零件。

生产过程中设备出现异常情况，应立即进行检查及检修，严禁在设备出现异常情况时继续使用。

要定期检查各部件的紧急限位螺丝有无松动，各部件是否处于顺畅状态，若有卡带现象，应及时找出原因，排除故障。

每日生产结束后，应清除油污，保持各工作面清洁。

长时间的停机生产，应用塑料布遮盖机器，以免机器沾满灰尘。

3.5.2 木工机械保养

3.5.2.1 木工机械常规保养

润滑可以减小木工机械零件的磨损、降低动力的消耗、延长设备的使用寿命，对于良好的润滑，只是单纯地加入润滑剂还不够，还要根据传动速度及接触面的单位压力等具体情况，选择适当的润滑剂，并在运转中使润滑装置保持正常状态。

加入润滑剂除起润滑作用外，还能起到冷却作用，由于润滑油的流动，带走热量，使机器工作温度不致过高；洗涤作用，能将摩擦面上杂物冲去；防锈作用，油膜可以防止周围的空气、水分等介质对零件产生的锈蚀。

3.5.2.2 木工机械传动件及液压系统的保养

（1）木工机械传动件保养

传动件有皮带、链条、齿轮、摩擦机构等。皮带要注意接头的正确及选用规格。经常保持皮带及皮带轮清洁。皮质皮带可涂以皮带油，橡胶皮带可在其内测涂以少量蓖麻子油，防止皮带潮湿发生打滑，所以要经常保持其适度的干燥。变速箱内的齿轮在运转中，不得搭换齿轮。箱体内维持适当的油面高度，并使箱盖密封。链条上要有足够的油脂，还须定期进行清洗和擦拭。摩擦机构主要应保持摩擦面的清洁，此外，摩擦压力要适宜。

（2）木工机械液压系统的保养

定期更换油液，清洗油泵及滤油网。泵内没有油液时，不准开动油泵。保持系统密封，防止系统中进入空气。保持系统不漏油，检查油缸、活塞、密封圈以及保持阀类的工作性能良好。

3.5.3 常见木工机械的维护

3.5.3.1 精密推台锯、精密开料锯、数控裁板机的维护

根据工作量，应定期对精密推台锯、精密开料锯、数控裁板机机器内部进行除尘作业，保证马达的正常散热。定期对推台轨道进行除尘，以确保精密推台锯、精密开料锯、数控裁板机的平稳运行。定期对皮带进行检查，发现磨损情况应及时更换。定期对机身需润滑部位注油，保证设备运行的稳定和安全。

3.5.3.2 数控木工车床的维护

清除工作台、底座、刀具、夹具上的切屑、灰尘及杂物。清洁各轴导轨护罩。清洁所有暴露在外的电气零件和行程开关。检查润滑泵、换刀臂单元及其他润滑油的油表高度，保持在建议的油面高度。检查机床润滑油路是否有漏油情况，若有则需做适当处理。检

查所有工作灯或警示灯是否正常。

3.5.3.3 平刨机的维护

使用人员下班时，须把设备整机清洁干净，易生锈部位需要加上30#机油防锈。机器在磨合期3个月内，送料速度应保持在6～18m/min的中等速度。使用3个月后，应把送料减速机齿轮油放掉，加入新的100#齿轮油，以油镜中间为准。左右拖板、电机座润滑油系统，每天加油两次，手动油泵加30#机油。每周检查一次送料减速机齿轮油是否足够，以油镜中间为准。

3.5.3.4 台钻、排钻机械的维护

保养维护前先关掉操作面板，再关总电源，同时要警示告之。禁用气枪直接喷射钻排及导轨，防止碎屑进入轴承或滑道内。

① 日保养：擦拭机器，清除机器上的木屑、灰尘、杂物，保持导柱、导轨、滑座部件无尘；查三联件油面高度，低于40%时，则需注油；查三联件滤清器中的水及杂质沉淀物，及时更换滤清器；查压缩空气压力应在0.5～0.8MPa之间，查气压开关指示数应在6～8kg/cm^{2}之间；检查并处理漏气部位；保持外部电子元件和微动开关的清洁；保持四周环境干净、整洁。

② 周保养：查排钻各运动部件运转是否正常；查轴承、齿轮润滑状况，加注同类润滑油；清洁三联轴过滤网；查压料气缸工作是否正常。

③ 月保养：查垂直箱各运动副润滑状况，及时添加同类润滑油；查电磁阀、手动阀、微动开关、时间继电器、中间继电器工作是否正常，有无被尘屑堵塞，是否清洁干净。

3.5.3.5 冷压机的维护

每班工作完毕后必须清理冷压机，保持升降丝杆的清洁。每周对蜗轮、蜗杆、升降丝杆加钙基脂进行润滑。升降丝杆与螺母处应经常加注30#机油。油缸油面应保持在25～45mm之间，如油面

低于 25mm 时应加注液压油，油缸加油时，必须首先在上下面间垫大于 100mm 等高块再进行注油操作。冷压机除了操作时需要注意，同样还需要定时的保养，每班工作完毕后必须清理冷压机，保持升降丝杆的清洁。

3.5.3.6 热压机的维护

每 6 个月全机检查一次，根据装配和试车要求、所有液压系统的大小密封圈磨损情况和所有阀门芯、弹簧和活门的磨损情况，看热压板升温时各部分是否一致；内部导热油通道是否有堵塞；大活塞和装卸机活塞表面磨损和腐蚀情况，特别要求在最高位置时密封圈部位的那一段；齿轮、滑轮、导轨的磨损情况；机座与机架的水平位置和基础情况；各油泵内部零件的磨损情况和密封情况。

3.5.3.7 封边机的维护

首先要对机体的各个部位进行清洗，并用吸尘装置清理木屑，定期给运转部件加润滑油。因为在工作过程中难免会产生木屑和胶水，这些物质会堵塞机械而导致机械不能正常运行。例如预铣部分、齐头齐尾部分，修边刮边部分会有大量切削下来的封边带屑，胶锅附近被板子带出的胶会干到其他零件上，所以在平时的工作中要多加注意。机械运行过程中用耳朵听、手触摸的方法对运行部件的声音和温度进行检查，以保证运转部位声音正常、温度正常。

第4章

装饰装修木结构技术

装饰装修木结构是指装饰工程中所涉及的木制顶面、木隔断、木墙裙、木制造型面、木制门窗、木地板、固定木家具。有关部件之间的拼接、榫接等结构连接技术，表现方式多种多样，需要灵活掌握。

4.1 板式结构形式与部件连接

4.1.1 板式结构形式

板式结构根据材料的不同，主要可分为实心板与空心板两大类。实心板结构是以刨花板、中密度板或麦秸板为板芯，上贴各种饰面装饰材料如三聚氰胺浸渍纸饰面、薄木饰面、防火板饰面等制成的复合板型。空心板结构是采用各类饰面多层板进行盖面，中心用木框构成框体，框内以木栅条状、木网格状以及纸质蜂窝板进行填充和加固的一类板型，如图4-1所示。对于以上板材成规格尺寸后，作为独立使用板件，板边需有相应的封边材料封边，采用多层板、PVC卷带封边、薄木封边、造型实木槽条封边、金属嵌条封边等。

4.1.1.1 实心板（实木指接板）

复合型的实心板在加工厂广泛应用，装饰装修现场使用较少，

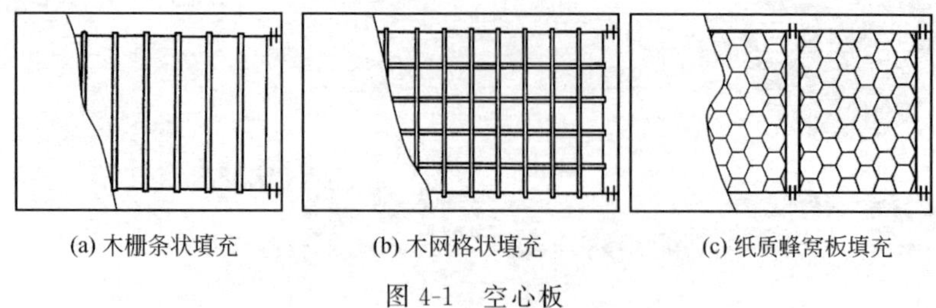

(a) 木栅条状填充　(b) 木网格状填充　(c) 纸质蜂窝板填充

图 4-1　空心板

而指接型的实木板在装饰装修现场被广泛应用。

实木指接板是一种由多块木板拼接而成，上下不再粘压夹板的结构，由于竖向木板间采用锯齿状接口，类似两手手指交叉对接，故称指接板。指接板有明齿和暗齿之分，见图 4-2。

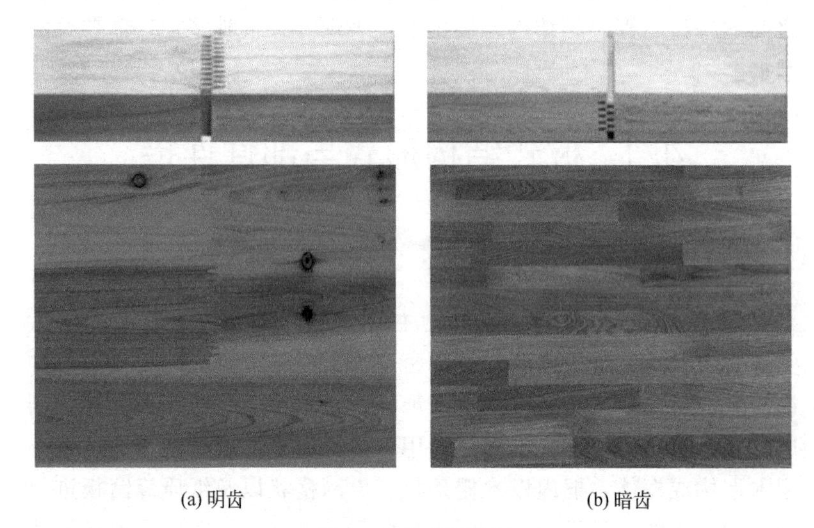

(a) 明齿　(b) 暗齿

图 4-2　实木指接板

在室内装饰固定家具方面，应用于柜类的旁板、顶底板、隔板、搁板等大块面部件，及抽屉面板、侧板、底板等小块面部件。

在室内装修方面，用于楼梯侧板、踏步板及墙壁装饰板等材料，室内门、窗套，立柱，装饰柱，楼梯扶手及装饰条等。

4.1.1.2　空心板结构

装饰装修现场使用空心板结构，较多的以框架式加压多层板结构来制作柜门、木门等，采用空心板结构比用刨花板等人造板作基材的实心板重量轻，结构变形少，具体见图 4-3。还有工厂在加工有造型弧度的部品部件时，采用弯料排挡式做法，将细木条拼成弧形两边双包结构加胶模压，做出弯曲效果，达到变形小、材料省、质轻。

图 4-3　空心板结构制作柜门及板件

4.1.2　板部件的连接结构

板件之间通常采用固定式（图 4-4）和拆装式（图 4-5）两种

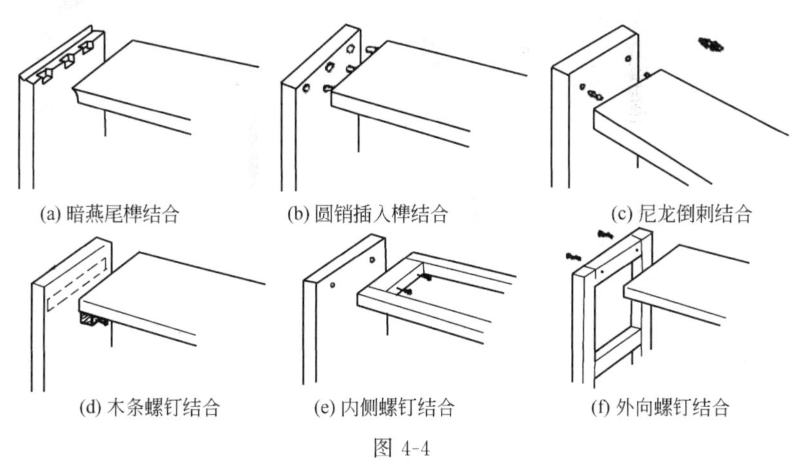

(a) 暗燕尾榫结合　(b) 圆销插入榫结合　(c) 尼龙倒刺结合

(d) 木条螺钉结合　(e) 内侧螺钉结合　(f) 外向螺钉结合

图 4-4

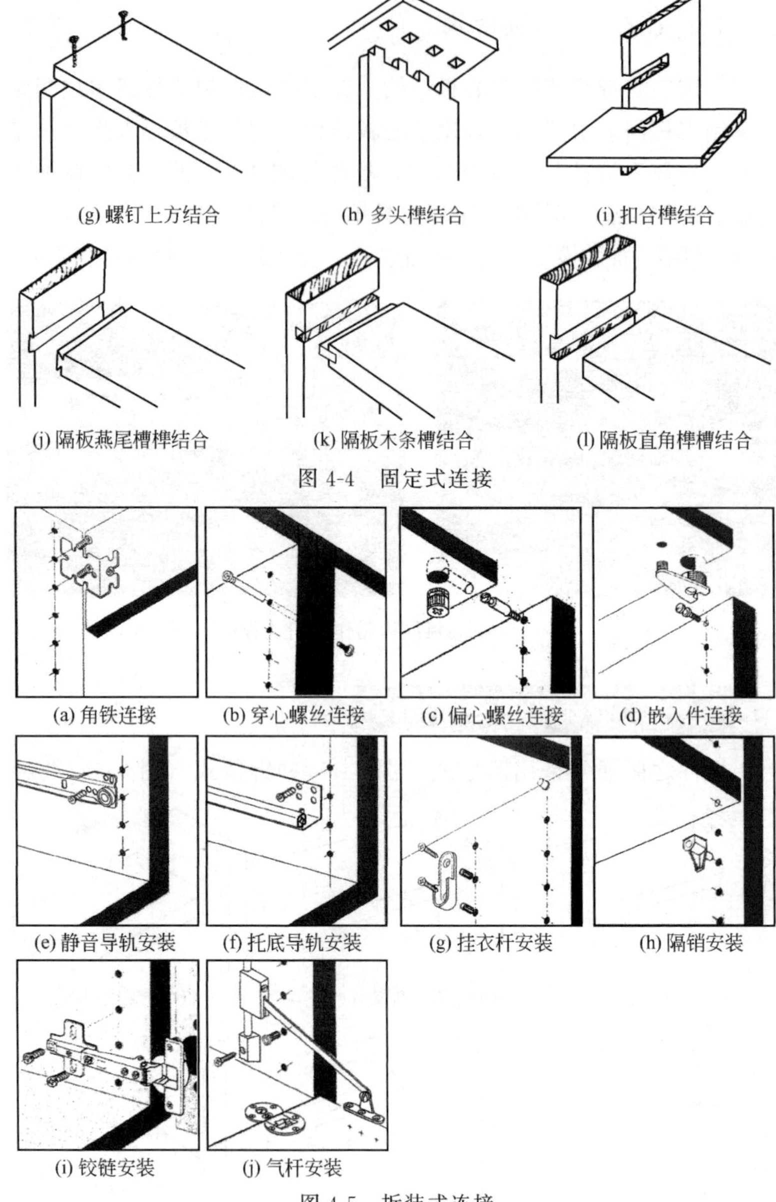

(g) 螺钉上方结合　(h) 多头榫结合　(i) 扣合榫结合

(j) 隔板燕尾槽榫结合　(k) 隔板木条槽结合　(l) 隔板直角榫槽结合

图 4-4　固定式连接

(a) 角铁连接　(b) 穿心螺丝连接　(c) 偏心螺丝连接　(d) 嵌入件连接

(e) 静音导轨安装　(f) 托底导轨安装　(g) 挂衣杆安装　(h) 隔销安装

(i) 铰链安装　(j) 气杆安装

图 4-5　拆装式连接

方式进行连接。固定式较多运用钉接方式进行铆固，拆装式则运用五金连接件进行连接，因而具有可进行反复拆装和组装的优势。

4.2 实木板面拼接与方材榫接

4.2.1 实木板面拼接

实木板面拼接是将窄的实木板胶拼成所需要宽度的板，常用于家具的板件和体现田园风格装修的实木板件。实木板拼接法有以下11 种（见图 4-6），下面具体介绍如下。

（1）平面拼接法

平面拼接法将木板的拼接面刨切平直光滑，涂上胶液，加压胶合。特点是拼板结构由于是平面之间结合，在拼板的背面上允许有少的倒楞，且在加压胶拼的过程中，窄板的板面不易对齐，所以材料厚度上要放加工余量。这种拼板方法工艺相对简便，接缝严密，是实木家具制作常用的拼板方法。

（2）高低拼接法

高低拼接法将木板的拼接面刨削成高低槽的平直光滑的表面，涂上胶液，加压胶合。特点是接合的强度比平拼的要高些，拼板表面的平整度较好。但材料耗用比平拼略多些。

（3）企口拼接法

企口拼接法将木材的拼接面刨削成直角的凹凸槽，平直光滑，借助胶加压接合。特点是拼板接合稳定性高，表面平整度好。当胶缝开裂时，仍可掩盖住缝隙，拼缝具有密封性，常用于柜的各个板面及桌、几面板的拼接。

（4）齿形拼接法

齿形拼接法将木材拼接面刨削成齿形槽，涂上胶液，加压胶合。特点是接合强度最高，胶接面上有两个以上的小齿形槽，便于组板胶拼，拼板表面平整度高，拼缝密封性好，常用于硬木面板、门板、搁板、抽屉面板等的拼接。

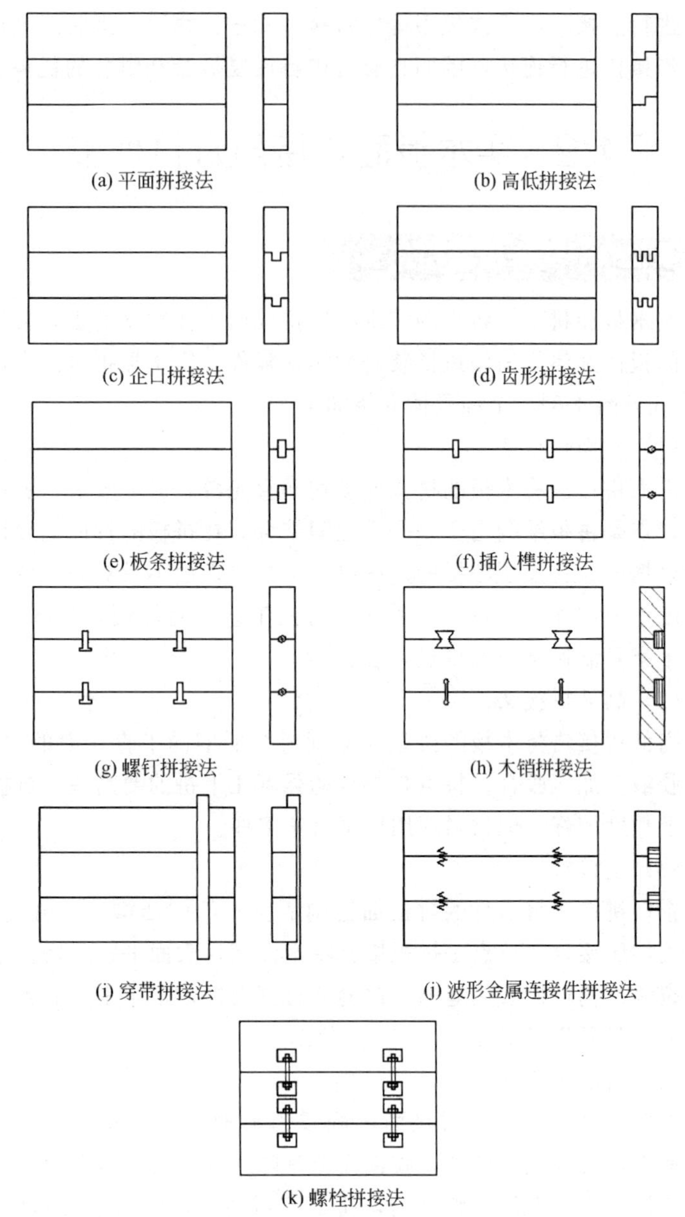
(a) 平面拼接法
(b) 高低拼接法
(c) 企口拼接法
(d) 齿形拼接法
(e) 板条拼接法
(f) 插入榫拼接法
(g) 螺钉拼接法
(h) 木销拼接法
(i) 穿带拼接法
(j) 波形金属连接件拼接法
(k) 螺栓拼接法

图 4-6 实木板拼接法

（5）板条拼接法

板条拼接法将木材的接合面刨削成平直光滑的直角榫槽，借助人造板边条，涂上胶液，加压胶合。特点是能提高接合强度，是应用较多的一种拼板方法。

（6）插入榫拼接法

插入榫拼接法将木材的接合面刨削光滑平直，并打上圆孔，涂上胶液，插入圆榫，加压接合。要求圆孔位加工精确，特点是节约木材，提高胶接合强度。有些做法是用竹钉拼板，也能达到不错的效果。

（7）螺钉拼接法

螺钉拼接法分为明螺钉与暗螺钉两种。

明螺钉拼接法是从一个拼板的背面沿边约 15mm 处，凿一个斜孔连螺杆孔，在另一个拼板的拼接面钻小于螺钉直径的孔，在两拼板侧面涂胶后，用木螺钉旋入加固胶拼。

暗螺钉拼接法在拼接窄板的侧面开有一个钥匙形的槽孔，另一面上的相对应处拧上木螺钉，装配时将螺钉从圆孔处垂直插入钥匙形孔内，再向钥匙形窄槽方向打移，以使螺钉头卡孔于底部，实现部件之间紧密连接。此法为暗式结构方式，常用于方木条与板边的连接，其胶接强度好。

（8）木销拼接法

木销拼接法将木制的插销嵌入拼板平面的接缝处。

在拼板的拼接面相对应处铣削出燕尾槽，然后在拼接面涂上胶液，将制好的双燕尾形木插销嵌入拼板的燕尾槽中，主要适用于厚板的拼接。

（9）穿带拼接法

穿带拼接法是将木带刨成燕尾榫木条形式，贯穿于木材的燕尾榫槽中。特点是可控制拼板的翘曲，主要适用于仓库门及圆台面的拼接。

（10）波形金属连接件拼接法

波形金属连接件拼接法将波纹金属片垂直打入拼板背面的接缝

处，以加固拼板的胶接强度，主要适用于普通拼板或覆面的芯板中。

(11) 螺栓拼接法

螺栓拼接法将板的拼接面刨平滑后，在其背面的相对应处钻上螺栓孔，再在拼接表面涂上胶液，接着将螺栓插入后螺帽拧紧。其特点是接合强度大、不易变形，常用于大规格面板台面的拼接。

4.2.2 方材榫接

4.2.2.1 方材榫接合

装饰装修木结构方材之间的接合方法有榫接合、胶接合、钉接合、木螺钉接合、连接件接合。目前在装饰装修施工中木结构形式比较简单，常用的是钉、木螺钉、连接件、胶接合。榫接常在传统风格装饰中作为实木框架式固定结构出现，方材榫接作为中国传统技艺应了解和掌握。

方材榫接是将两块材料一个做出榫头，一个做出榫眼，两个结合在一起，靠材料的摩擦力将两块材料固定在一起。榫接是传统家具的基本结合方式，也是现代框架式家具和支架式木作装饰的主要结合方式。榫卯结构是实木家具中相连接的两构件上采用的一种凹凸处理接合方式。凸出部分叫榫（或榫头），凹进部分叫卯（或榫眼、榫槽），见图 4-7。

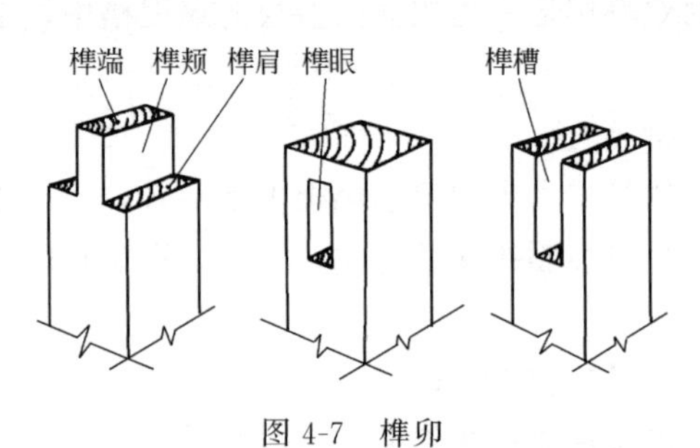

图 4-7 榫卯

4.2.2.2　方材榫接合分类

方材榫接合根据需要有多种类型，分类方式不同，其表现形式也不相同，其分类见图 4-8。

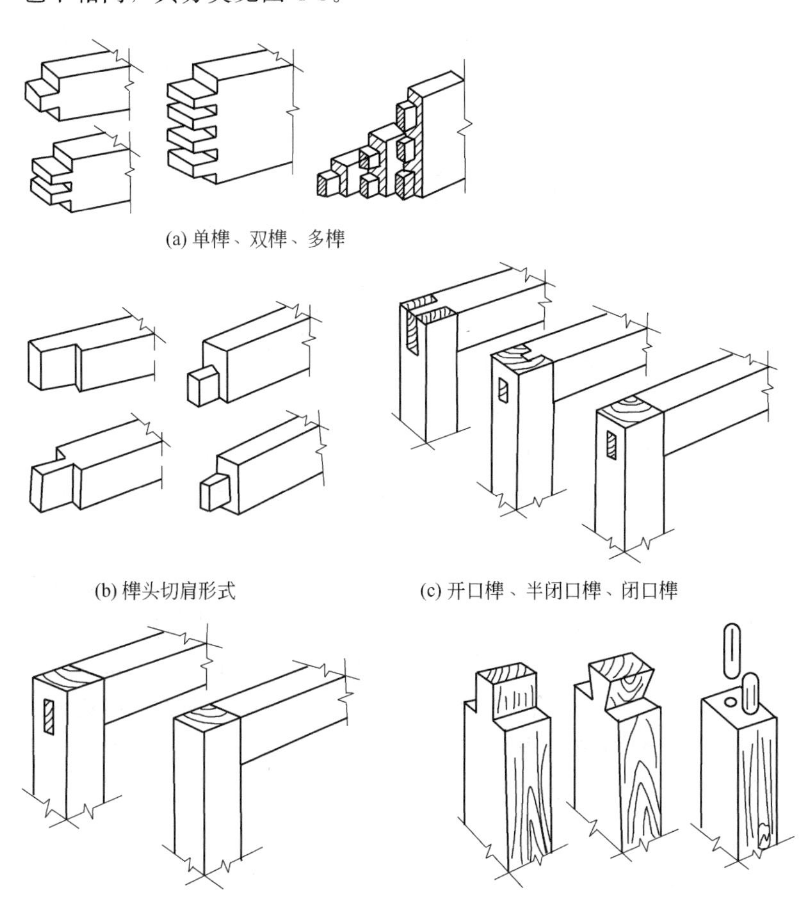

(a) 单榫、双榫、多榫

(b) 榫头切肩形式

(c) 开口榫、半闭口榫、闭口榫

(d) 明榫和暗榫

(e) 整体榫和插入圆榫

图 4-8　榫接合分类

按榫头的形状分：直角榫、燕尾榫、椭圆榫、圆榫。

按榫头的数目分：单榫、双榫、多榫。

按榫肩的数目分：单榫而可分为单肩榫、双肩榫、多肩榫。

按榫头和榫眼的接合方式分：开口榫、闭口榫、半闭口榫、贯通榫与不贯通榫。

按榫端是否外露分：明榫与暗榫。

按榫头与方料的关系分：整体榫、插入榫。整体榫是直接在方材零件上加工而成的，而插入榫与零件是分离的，常用的插入榫为圆榫。

4.2.2.3 方材榫接的应用

下面分别介绍装饰装修中经常应用到的榫接形式。

（1）直角榫、燕尾榫

直角榫、燕尾榫是榫卯结构中最常用的结构。装饰装修中常用的直角榫、燕尾榫有下面几种形式，见图 4-9。

直角榫、燕尾榫接合技术要求如下。

① 榫头的长度：榫头长度与榫眼深度为过度配合，其公差为±3mm（明榫为正，暗榫为负）。暗榫结合时，榫眼深度应比榫头长度大 2～3mm。

② 榫头的宽度：榫头宽度比榫眼长度大 0.5～1mm；硬材为 0.5mm，软材为 1mm，这样榫眼不会被胀破，且结合强度大。

③ 榫头的厚度：榫头的厚度应比榫眼小 0.1～0.2mm，这样才便于成胶、便于榫头和榫眼的装配。常将榫端的两边或四边加工成 20°～30°的斜角。当榫头厚度（宽度）大于 40mm 时应改为双榫。

（2）圆榫

圆榫是现在较常见的插入榫，并辅以五金连接件，主要用于板式家具部件之间的接合与定位，也可用于实木框架的接合，如图 4-10所示。

① 插入圆榫接合结构如图 4-11 所示。

② 圆榫接合技术要求。

a. 选材要求：用于制作圆榫的材质应选用密度大、无节无朽、

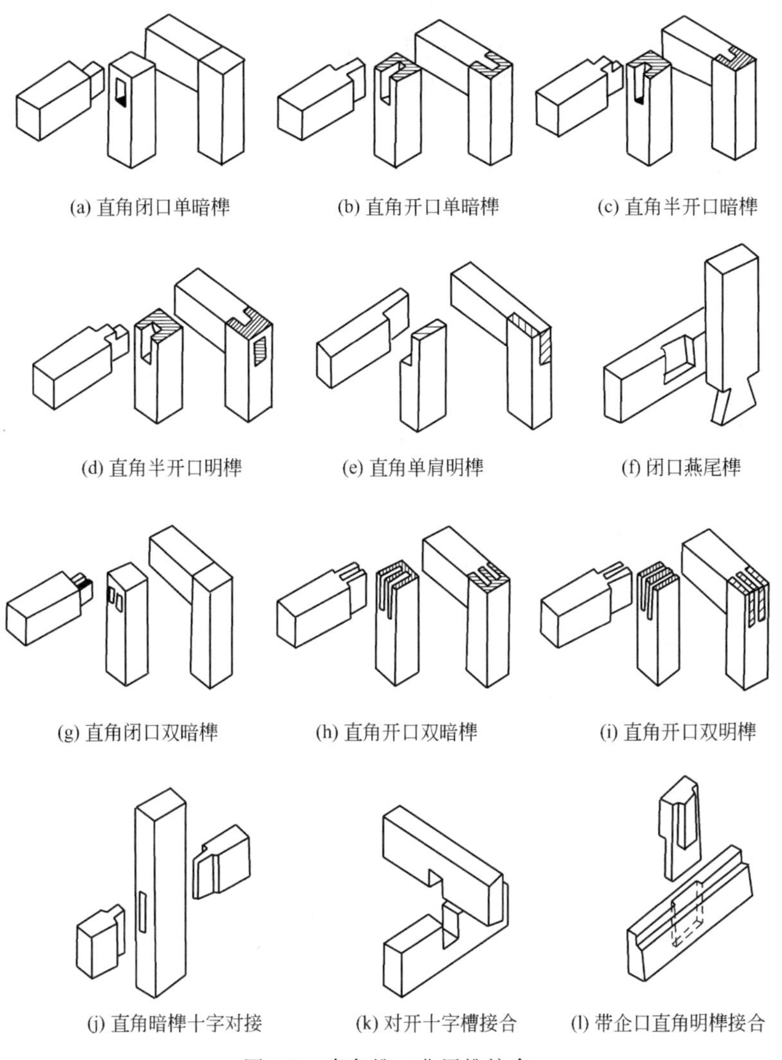

(a) 直角闭口单暗榫　(b) 直角开口单暗榫　(c) 直角半开口暗榫

(d) 直角半开口明榫　(e) 直角单肩明榫　(f) 闭口燕尾榫

(g) 直角闭口双暗榫　(h) 直角开口双暗榫　(i) 直角开口双明榫

(j) 直角暗榫十字对接　(k) 对开十字槽接合　(l) 带企口直角明榫接合

图 4-9　直角榫、燕尾榫接合

纹理通直，具有中等硬度和材性的木材，一般用青冈栎、柞木、水曲柳等。

b. 含水率：圆榫含水率比接合方材低 2%～3%，以便施胶后

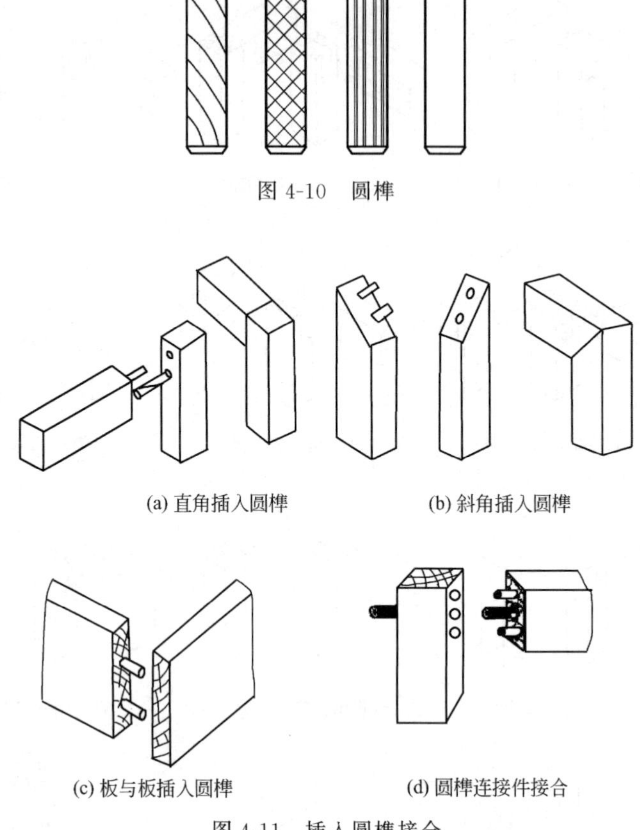

图 4-10 圆榫

(a) 直角插入圆榫　(b) 斜角插入圆榫

(c) 板与板插入圆榫　(d) 圆榫连接件接合

图 4-11 插入圆榫接合

圆榫吸水而润胀，增加接合强度。圆榫规格现在广泛采用 $\phi6\times32$、$\phi8\times32$、$\phi10\times32$ 三种。

c. 尺寸要求：圆孔深度大于圆榫长度，间隙大小为 0.5～1.5mm；榫、孔的径向配合应为过盈配合，过盈量为0.1～0.2mm。

4.3 传统榫卯木结构

传统榫卯木结构在现代装饰装修中很少会触及，但室内设计师在表现传统装饰风格的室内环境，装饰装修中会选择运用传统榫卯木结构制成的部品部件，来作为装饰构造和点缀物，装饰装修精细木工，应加以了解和熟悉传统木结构的几种做法如图 4-12 所示。

图 4-12　传统装饰风格实例

4.3.1 古建筑装修榫卯木结构

中国古建筑在世界建筑中自成一体，以木结构为主的构造方式，具有轻质、高强、能承受冲击、震动和易加工的特点。古建筑中殿堂楼阁、亭廊轩榭等各种建筑，以不同形式的木构架组成，从现有实物考察，明清时期的建筑历经几百年，功能依旧，它是人类建筑史上一颗璀璨的明珠。木构架的榫卯主要为柱子与梁、枋之间的连接，反映在有垂直构件、水平构件的连接榫卯。管脚榫、套顶榫、燕尾榫卯、穿透榫卯、箍头榫卯、十字刻口榫卯等比较典型，为古建筑中的木结构的典范，见图 4-13～图 4-15。

（1）管脚榫卯

固定柱脚根部的榫卯，将柱头端部或柱脚根部做出馒头榫，插入柱石相应的卯口内，管脚榫的长度为柱径的 2/10～3/10，榫的外端要倒楞，以便安装。

（2）套顶榫卯

将柱脚根部的插榫加长，超过管脚榫，穿透柱石内，这种榫卯

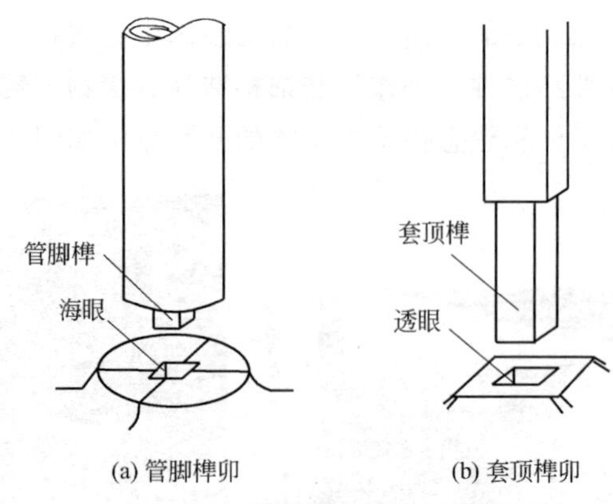

图 4-13　管脚榫卯和套顶榫卯

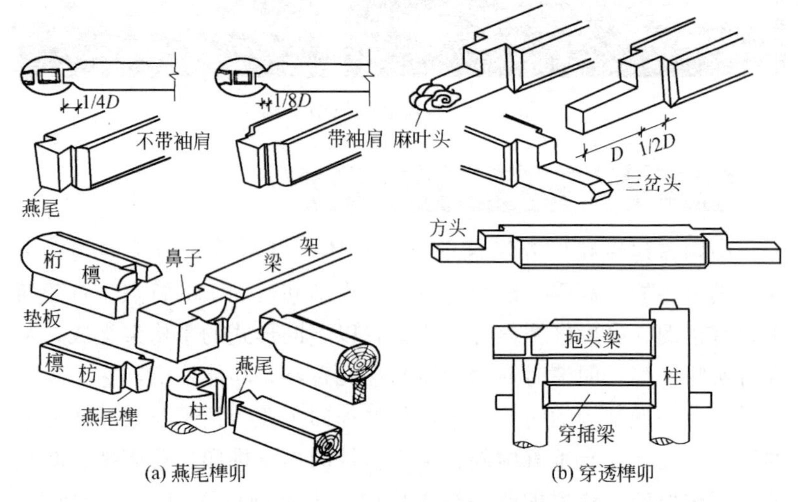

图 4-14　燕尾榫卯和穿透榫卯

用于柱子较高或承受风荷较大的结构。其榫长一般为柱子露明部分的 1/5～1/3，榫径为柱径的 1/2～4/5。

（3）燕尾榫卯

根部窄、端部宽呈大头状，构件不会出现拔榫。可以用上起下落的方式安装构件，如梁、枋与间柱之间的连接。燕尾榫的长度一般为柱径的 1/4～3/10，分带袖肩和不带袖肩两种形式。

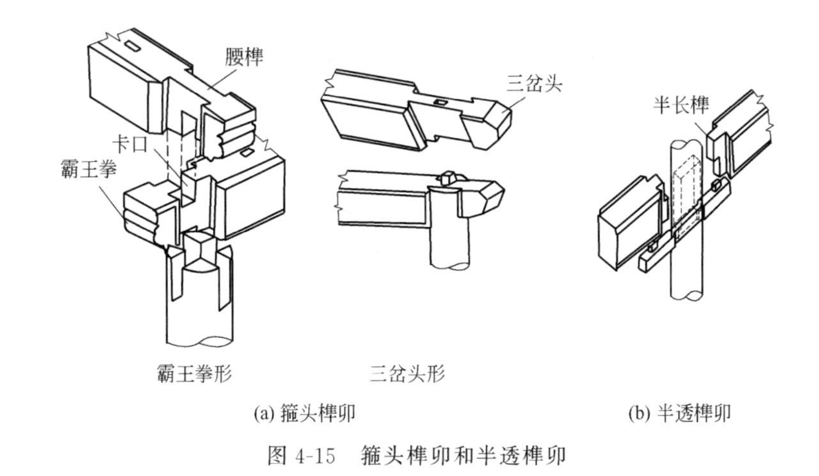

(a) 箍头榫卯　　(b) 半透榫卯

图 4-15 箍头榫卯和半透榫卯

(4) 穿透榫卯

穿透榫卯是穿透于柱子而将榫头留在柱外的一种榫卯结构，透榫头作成蚂蚁头、方形或雕刻成麻叶花状，穿插于柱子的连接。

(5) 箍头榫卯

箍头榫卯是将枋、柱端部作成相结合的腰榫和卡口，并使枋对柱有箍住作用的一种榫卯。箍头常为霸王拳或三岔头形状。箍头有单开口和双开口两种构造形式，用于建筑端部的枋柱连接。

(6) 半透榫卯

在柱的通透卯口，两端同时插入半榫，方法是做出高低榫接，将柱径宽度均分为三，榫高均分为二，一端的榫上半部长占 1/3，下半部占 2/3，另一端上半部占 2/3，下半部占 1/3。同时为加强牢固度下面装有替木，与梁之间还有插销连接。

(7) 十字刻口榫卯

十字刻口榫卯［图 4-16(a)］是用于方形构件十字搭接的榫卯，将枋宽度的相交处剔凿成半厚刻口槽，组成构件相互搭交榫卯。上面构件槽口在下，下面构件槽口在上，用于平板枋的十字扣搭。

(8) 十字卡腰榫卯

十字卡腰榫卯［图 4-16(b)］是用于腰圆形构件十字搭交的榫

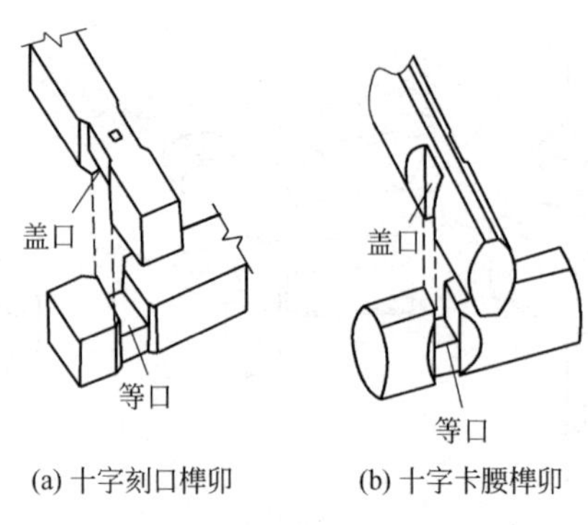

(a) 十字刻口榫卯　(b) 十字卡腰榫卯

图 4-16　十字刻口榫卯和十字卡腰榫卯

卯，将腰圆形构件宽向面分四等分，按所交角度刻去两边各一份形成腰口，将其高厚面分为二等分，剔凿开口一份，形成盖口和等口，上下搭接相交。

4.3.2 传统家具榫卯木结构

明式家具留传至今，材料多采用以花梨木等为代表的硬木，在工艺上最符合适用、经济、美观的原则。一件家具由若干个构件组合而成，构件与构件的接合处，通过框架结构和各种形式的榫卯巧妙结合，获得相辅相成的效果，框架结构是榫卯接合的内容和依据，榫卯接合的方法是形体存在的条件和形式，在完善的造型实体上，它们相互依存、协调统一，共同建构了完美的艺术形象。

粽角榫、格角榫、托角榫、夹头榫、抱肩榫、挂榫、长短榫等几十种不同榫卯，代表了传统木结构的精华，它们阴阳互交，凹凸错落，不仅具有实用功能性，又具有视觉审美性，其形式见图 4-17。

(1) 粽角榫接合

桌腿与板面边沿平行长短榫底部起向上削出 45°斜肩，斜肩内侧挖空。边梃转角处位置亦剔成 45°斜角，组合时，长短榫分别与边梃上榫窝吻合，形成边框外斜角边与脚上斜肩拍和，此种多角组合称为“粽角榫”。

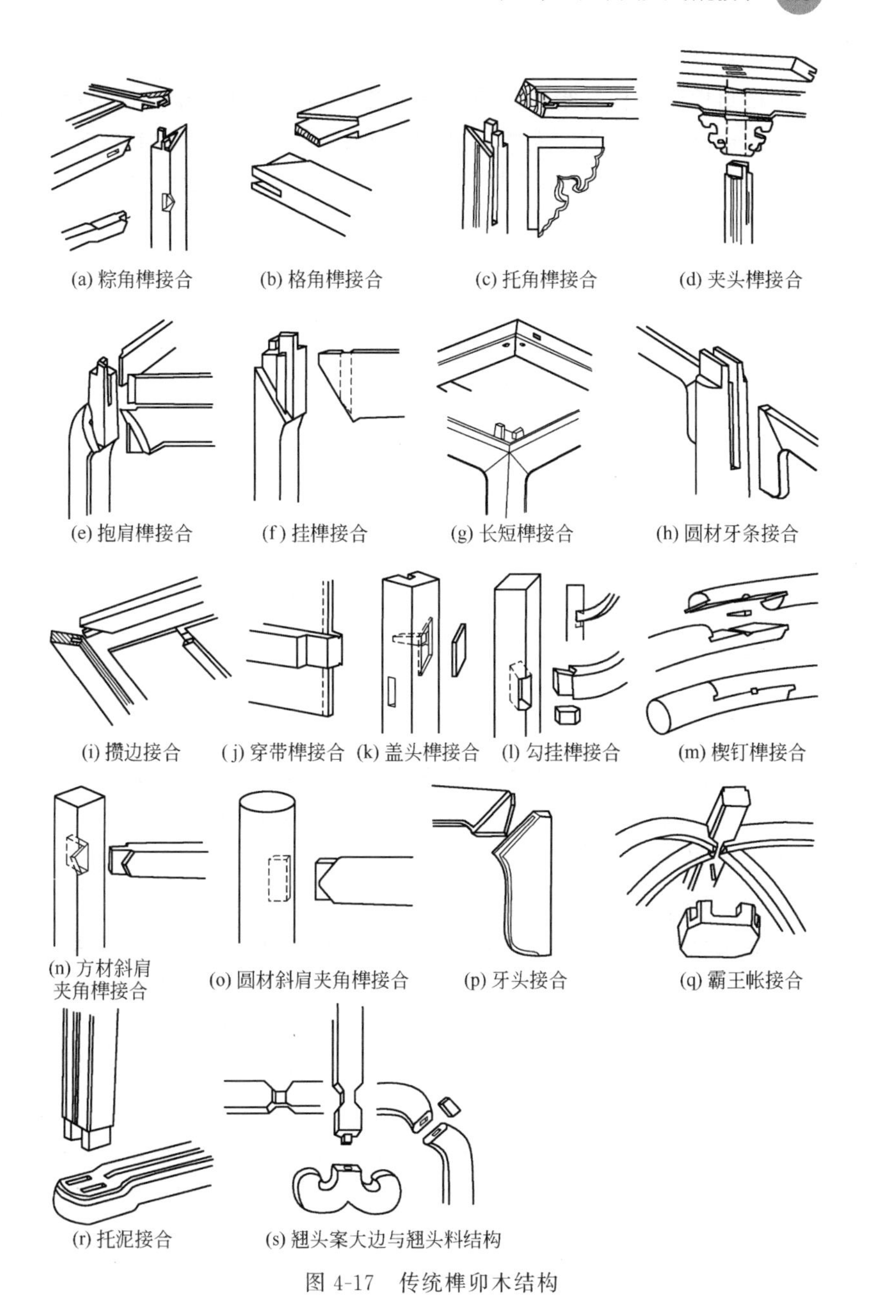

(a) 粽角榫接合　(b) 格角榫接合　(c) 托角榫接合　(d) 夹头榫接合

(e) 抱肩榫接合　(f) 挂榫接合　(g) 长短榫接合　(h) 圆材牙条接合

(i) 攒边接合　(j) 穿带榫接合　(k) 盖头榫接合　(l) 勾挂榫接合　(m) 楔钉榫接合

(n) 方材斜肩夹角榫接合　(o) 圆材斜肩夹角榫接合　(p) 牙头接合　(q) 霸王帐接合

(r) 托泥接合　(s) 翘头案大边与翘头料结构

图 4-17　传统榫卯木结构

(2) 格角榫接合

格角榫分明榫与暗榫。明榫多用在桌案四框和柜子的门框处，桌案的边框长边称为“大边”，短边叫做“抹头”。在大边和抹头的两端分别做出45°斜边，边梃处再做榫头，抹头处则做榫眼，这样把明榫处理在两侧，将横断面隐藏起来，将木纹的纵切面外露。

(3) 托角榫接合

托角榫是腿足、托角、牙条三者接合。在腿足上开凿槽口，与托角的榫舌相接合，当牙条与腿足构成的同时，托角与牙条的榫槽插入，“托角榫”是一组卯榫的组合。

(4) 夹头榫接合

夹头榫分前榫和后榫，中间横向开出豁口，把牙板插在里面。组装时将腿、牙板以及上梃的两个榫眼串联起来，整体结构紧凑稳固。

(5) 抱肩榫接合

抱肩榫的牙板和腿部斜肩做出榫头和榫窝，使牙板固定在腿上，以辅作腿部支撑案面。

(6) 挂榫接合

挂榫在榫头的两个外面下部各做一竖向挂销，挂销外面要比里面宽，牙板内侧做相同形状通槽，组装时使腿和牙板斜肩合严，有效地把腿和牙板牢固结合。

(7) 长短榫接合

腿足出榫做成长短互相垂直的两个榫头，分别与边梃和边抹的榫眼结合，故称“长短榫”。长榫连接边梃，短榫连接抹头，把连接抹头的榫锯短，是因为避免连接抹头的榫头与边梃伸向抹头的横榫相碰，才更牢固。

(8) 勾挂榫接合

勾挂榫即霸王帐。霸王帐与脚的结合使用勾挂榫结合，榫头的上端托着穿带，用木销固定。下端脚内角从榫眼下部口大处插入，产生倒勾作用，然后用楔形块填入榫眼的空隙处，再也不易脱出。

（9）楔钉榫接合

楔钉榫用来连接弧形弯材，常见于圈椅的扶手。做法是两个圆材的一头做出长度相等的半圆，在半圆材的顶端做出榫舌，再将两个半圆断面下开出横槽，然后把两材平面对接，在搭接面中部剔凿方孔，组装时轻敲锲钉，可使各榫肩越靠越紧。

（10）斜肩夹角榫接合

斜肩夹角榫是将两根接合的枋材端部榫肩切成 45°的斜面再进行接合。框角各有不同的受力，从结构形式上可分为单斜肩和双斜肩，用单斜肩结构时，将榫肩一边锯平，另一边锯斜；用双斜肩结合时，将榫肩和榫眼头端部都锯成 45°。

（11）托泥接合

托泥接合是用一长条方木装在足下，结合处用榫连接，在接口处凿出底大口小的榫窝，在足的下端做出榫窝相应的榫头，组装时对准榫窝使腿紧密相连。

第5章
装饰装修精细木工施工工艺

室内装饰装修的施工范围较广，一种为整体面的施工，主要有顶面、墙柱面、地面的施工；另一种为配套组合的施工，包括木窗帘盒、门窗套、木窗台板，木门与框、实木花格窗扇、木扶手及护栏、固定壁式家具等的制作及施工。这些内容通过木工工艺的掌握，反映室内装饰施工中主要部位的直观效果。

木工虽以木材为主材进行装饰施工，但对于现代装饰而言，要求木工掌握的技术不仅仅是木结构施工，还需掌握轻钢龙骨、纸面石膏板施工等技术，以下就上述几种施工进行详细介绍。

5.1 顶面木作工程

顶面木作施工主要表现有木龙骨木饰面施工和轻钢龙骨结合木饰面顶施工。在按图施工的基础上，现场做好放样工作，是施工中必要的一环。施工中正确把握顶面结构的牢度、吊杆的强度以及板面的平整度和稳定性，充分体现装饰效果。

5.1.1 木龙骨木饰面吊顶工程施工

5.1.1.1 主要流程

施工准备→放线→安装固定件→固定边沿木龙骨→木龙骨架拼

装→吊装木龙骨架→架体整体调平→胶合板面安装→顶面节点与收口处理。

5.1.1.2　操作要点

(1) 施工准备

木作顶面施工前按设计要求对室内的净高、洞口标高和部分电器布线，管道设备及其标高进行验收；正确定灯位，从顶面到墙体下来的线路已安装完毕，安装的水管已试压验收；所用的材料必须作防腐、防潮、防火处理。

(2) 放线

首先确定顶面的位置线，包括标高线、造型位置、挂点布置线，灯位线。将土建平移出来的控制线为基准线和点，用激光水准仪在室内的每个墙体面包括柱面角上抄出水平点（若墙体较长，中间也应适当抄几个点），弹出水平线（水平线距地面为＋1000mm标高），从水平线量至顶面设计高度，用墨斗沿墙（柱）弹出标高线，即为顶面完成面线，按顶面的平面造型位置、挂点等，在混凝土顶板上弹出主要线的位置。

确定吊点位置。对于顶面的主木龙骨吊点的确定，以每平方米1个吊点来布置，要求吊点均匀分布在顶面上。有迭级造型的顶面木龙骨架，应在其高低错落的交界处，首先设置吊点，两吊点间距一般为0.8～0.9m。有些灯具体量较重，应单独设置吊点进行悬挂。有上人检修等要求的，应适当加密吊点。

(3) 安装固定件

顶面的吊点固定件设置，可用冲击钻在建筑结构楼板底面打孔，打孔的深度等于膨胀螺栓的长度，打孔直径大于0.5mm以便于金属膨胀螺栓的安装。选用金属膨胀螺栓将角钢块固定楼板后，作为设吊杆的连接件。对于轻质的木龙骨吊顶，也可用膨胀螺栓固定木方，枋截面尺寸以40mm×50mm为宜，吊顶骨架与木方固定，也可采用木吊杆方式。

(4) 固定边沿木龙骨

在顶面木龙骨的安装中，沿墙面四周标高线固定边沿木龙骨的方法主要有两种做法：一种是沿吊顶标高线以上位置在墙结构表面打孔，孔径应大于12mm，钻孔间距在300～500mm之间，在孔内打入木楔；另一种做法是先在木龙骨上钻孔，用水泥钉通过钻孔的木龙骨钉于混凝土墙面或柱面。

(5) 木龙骨架拼装

通常将规格木龙骨涂刷防火涂料3遍，堆放晾干备用。吊装前根据预定的块面先在地面上拼装，拼装的木龙骨架每片不宜过大，对于自制的木龙骨要按分格尺寸纵横向交接处开半槽，市场上有成品木龙骨一般备有凹槽工序。由于半槽对半槽的咬口方式可将龙骨之间纵横垂直结合，咬口处应涂胶加钉固定，如图5-1所示。

图5-1 木龙骨架地面拼装

(6) 吊装木龙骨架

顶面木龙骨架的吊装方式常用的有三种方式。面积不大的顶面，可采用角钢吊杆、扁铁吊顶或木方吊杆，吊杆的加工应注意便于顶面的调整和拼装。使用角钢和扁铁的作吊杆的两端要设有2～3个孔，上由楼板角钢件连接，下由木龙骨架连接，都要便于调整。如用木方吊杆的长度应留出100mm左右的长度余量，以便吊顶面骨架就位后的高低调整。

将地面拼装的木龙骨架分别用支架托起就位，并作临时定位固定。固定的方式可先用铅丝绑定将木方支撑顶到位，然后根据拉线调平作分片拼接组合固定，将主龙骨或连同木龙骨架与吊杆钉牢，分片木龙骨架在平面对接中，注意将端点对齐、对正，可采用铁件或短木进行连接和加固。对于有迭级要求的造型骨架，根据上下两层间距，用垂直方向的木方连接固定。对于顶面需要设置光槽、灯盒检修孔及窗帘盒等，各预留位置处应增加吊杆和龙骨，做必要的加固处理，见图 5-2。

图 5-2　吊装木龙骨架

（7）架体整体调平

顶面的木龙骨架全部安装就位，在整体顶面下拉出十字或对角交叉的标高线，以检查顶面骨架的平整体。对于施工中出现木龙骨架平面有下凸的部分，要重新拉紧吊杆；有上凹现象的部分，要用木方杆顶撑至微调尺寸准确后将木方两端固定。各个吊杆的下部端头均按平面截平，不得伸出骨架的底平面。

（8）胶合板面安装

在木龙骨架上复面胶合板施工中，一般分木基面板施工和木饰面板施工。

用作顶面基层胶合板一般选用 9mm 厚阻燃型的，主要是该板材防火性能好，结构相对稳定。用作基层的胶合板必须复核其板材厚度，确保尺寸一致，避免两板平面结合有高低差。结合方式基本用钉枪打钉或用圆钉铺装木龙骨做法，采用封闭式罩面，在施工过程中，对于胶合板正面向上，按木龙骨合格的中心线尺寸，用墨线或铅笔线在胶合板正面上画出方格线，这样能方便安装时，将枪钉固定在木龙骨上，见图 5-3。

图 5-3 木基面板施工

木饰面板一般选用 3mm 厚夹板，表面体现珍贵的自然木纹，按样板要求进行对色，相似木纹组合在一起。木饰面按设计要求进行排列分布，并掌握板面对缝的要求，造型上如需留工艺缝的，要宽窄一致。木饰面的安装采用胶粘在木基层胶合板上，用枪钉固定，在施工时要涂胶均匀，保证板之间结合牢固。枪钉固定后，对钉眼处用同色笔点涂修补。

(9) 顶面节点与收口处理

顶面木作工程通常有暗式窗帘盒、暗式灯槽，灯盒与整体相连接。连接的方式一般采用顶面木方与多层板连接，做好接点固定。当采用木压条修口时，应拉通线固定压条，达到压条外观平直。木压条宜用枪钉固定，钉距不应大于 150mm，钉眼用油性腻子抹平。木龙骨木饰面吊顶成品效果见图 5-4。

图 5-4　木龙骨木饰面吊顶成品效果

5.1.1.3　成品保护

① 吊顶工程在水电、暖通等安装完成验收后，再进行封板，避免返工破坏成品。

② 做好施工过程中的窗户部位的维护，防止风吹，下雨时顶板板材要防止受潮。

③ 顶面管道阀门部位要设置检修孔，以方便上下人操作。

④ 安装灯具和通风罩等需提前做加固，避免局部受力造成损坏。

⑤ 吊顶安装完毕，施工中不得搬运超高材料，以免撞坏吊顶表面。

5.1.2　轻钢龙骨木饰面造型顶施工

以轻钢龙骨骨架为主体结合木结构工艺，是目前顶面装饰较好的做法，通过节点放样，解决轻钢龙骨平面与木饰面造型的施工难点，其中木饰面造型部分分现场制作和工厂加工现场组装这两种方式，来减少龙骨施工程序，简化施工工艺。关键是控制轻钢龙骨基架上的纸面石膏板与木饰面板之间平整度与收口的良好搭接。

5.1.2.1 主要流程

施工准备→放线→固定吊杆→安装边龙骨→安装主龙骨→安装次龙骨（横撑龙骨）→安装纸面石膏板→造型面安装基层板→安装木饰面板。

5.1.2.2 操作要点

（1）施工准备

施工前按设计要求对室内的净高、洞口标高和分部电器布线，管道设备及其支架的标高进行交接验收；已确定灯位，从顶面到墙体下来的线路已安装完成；安装的水管已试压验收，按设计说明选用轻钢龙骨架为主体，纸面石膏板覆面，造型面木基层必须经防腐、防潮、防火处理。

（2）放线

将土建平移出来的控制线为基准线和点，用激光水准仪在房间内每个墙（柱）角上抄出水平点（若墙体较长，中间也应适当抄几个点），弹出水平线（水平线距地面为+1000mm 标高），从水平线量至吊顶设计高度，用墨斗沿墙（柱）弹出标高线，即为吊顶完成面线，同时，按吊顶平面图，在混凝土顶板弹出主龙骨的位置。主龙骨应从吊顶中心向两边分，最大间距为 1000mm，并标出吊杆的固定点，吊杆的固定点间距 900～1200mm，如遇到梁和管道固定点大于设计和规程要求，应通过角铁或槽钢等刚性材料作为横担，再将龙骨吊杆用螺栓固定在横担上形成跨越结构。

（3）固定吊杆

采用膨胀螺栓固定吊杆。吊杆选用应符合设计要求，当设计无要求时，吊杆长度小于 1000mm 时，采用 $\phi8$ 的吊杆；如果大于 1000mm，应采用 $\phi10$ 的吊杆；如果吊杆长度大于 1500mm，还应在吊杆上设置反向支撑（即加设 30mm×30mm×3mm 角钢支撑，角钢支撑与主龙骨成 45°，一端用膨胀螺栓固定于楼板底、梁侧、梁底或墙面，另一端与主龙骨用攻丝螺栓与主龙骨固定，相邻两根角钢支撑必须呈反“八”字形相互错开，以免主龙骨向一侧倾斜）。

安装固定后的吊杆要通直，并有足够的承载能力，当预埋件的杆件需要接长时，必须搭接焊牢，焊缝要均匀饱满。吊杆距主龙骨间距端部不得大于300mm，否则应增加吊杆。吊顶灯具、风口、窗帘盒、灯槽、灯箱、大型检修口、检修通道等应设附架吊杆。安装后的吊杆端头螺纹外露长度不小于5mm。

（4）安装边龙骨

边龙骨应沿墙上次龙骨的下皮线，用自攻螺丝进行固定。若在混凝土墙、柱上固定，先预埋木楔，再用射钉或自攻螺丝固定，自攻螺丝和射钉间距不大于吊顶次龙骨的间距。

（5）安装主龙骨

主龙骨应吊挂在吊杆（不能与电气管线或设备通用）上，一般由高处向低处安装，不得与暖通等设备紧挨在一起。

主龙骨宜平行房间竖向安装，同时应起拱，起拱高度为房间跨度的1/300～1/200。主龙骨的悬臂段不应大于300mm，否则应增加吊杆。最外侧一根主龙骨离墙边距离不超过200mm，否则应增加主龙骨。主龙骨应采取对接接长，相邻龙骨的对接接头要相互错开，相邻挂件的方向也要错开，防止主龙骨向一边倾倒。主龙骨挂好后应基本调平。

跨度大于15m以上的吊顶，应在主龙骨上，每隔15m加一道大龙骨，并垂直主龙骨焊接牢固。

当吊顶长度大于12m，面积超过100m^2，应设伸缩缝。伸缩缝宜设在受力较为敏感的阳角处。伸缩缝位置宜将上部龙骨结构分开。

（6）安装次龙骨（横撑龙骨）

次龙骨应紧贴主龙骨安装，次龙骨安装间距为300～600mm。次龙骨用T形镀锌铁片连接件把次龙骨固定在主龙骨上时，次龙骨的两端应搭在U形边龙骨的水平翼缘内，若需搭接在木档上时，应对次龙骨进行翻边处理后，再用自攻螺丝对木档和次龙骨两翼缘进行连接固定。墙上应预先标出次龙骨中心线的位置，以便安装石膏板时找到次龙骨位置。当自攻螺钉安装石膏板时，石膏板接缝处必须安装在宽度不小于 40mm 的次龙骨上。次龙骨不得搭接。在通风、水电等洞口周围应设附加龙骨，附加龙骨的连接用拉铆钉铆固，但应与设备保持一定距离，防止设备振动影响吊顶。图 5-5 所示为轻钢龙骨吊顶主配件及构造示意。

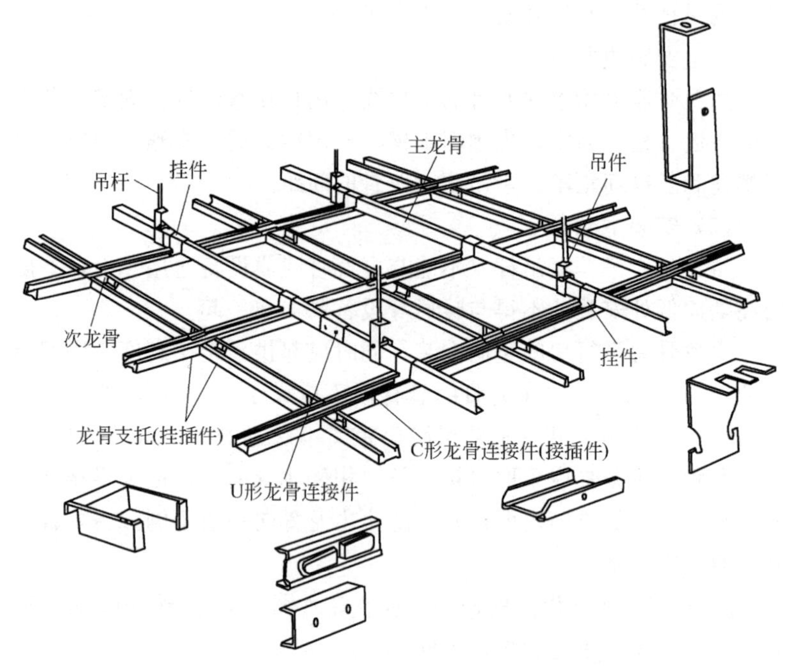

图 5-5 轻钢龙骨吊顶主配件及构造示意

横撑龙骨的位置，即是纸面石膏材的短边接缝位置。根据施工及验收规范的规定，纸面石膏板的长边（包封边）应沿纵向次龙骨铺设，为此纸面石膏板的短边（切割边）拼接处即形成接缝，因此应设置横撑龙骨。横撑龙骨由 C 形次龙骨截取，与纵向的次龙骨丁字交接处，采用与其配套的龙骨支托（挂插件）将二者连接固定。

（7）安装纸面石膏板

施工过程中注意各工种之间配合，待顶棚内的风口、电气管线、消防管线等施工完毕并隐蔽验收合格后方可安装面板。

纸面石膏板安装要求在自由状态下就位固定，不得出现弯棱、凸鼓现象。纸面石膏板的长边应沿纵向次龙骨铺设，固定石膏板用的次龙骨间距不应大于600mm，石膏板端接头处，必须有次龙骨。板材与龙骨固定时，应从一块板的中间向板的四边循序固定，不得采用在多点上同时作业的做法。

纸面石膏板安装时，商标朝上，用自攻螺钉固定。纸面石膏板安装时先将石膏板就位，用直径小于自攻螺钉直径的钻头将石膏板与龙骨钻通，再用自攻螺钉拧紧。

用自攻螺钉铺钉纸面石膏板时，钉距以150～170mm为宜，螺钉应与板面垂直。自攻螺钉与纸面石膏板包封边（长边）距离10～15mm为宜，距切边（短边）距离15～20mm为宜。钉头略埋入石膏板面1mm左右，但不能致使板材纸面破损，见图5-6。

在安装自攻螺钉时，如果出现弯曲变形的自攻螺钉时，应剔除，并在相隔50mm的部位另外安装自攻螺钉。纸面石膏板的接缝处，需安装在宽度不小于40mm的C形龙骨上。

造型吊顶转角处必须采用“7”字形安装，安装双层石膏板时，基层可用九厘板或衬金属薄板“7”字形做法，面层板与基层的接缝应错开，错开距离应不小于300mm，上下层板各自的接缝不得同时落在一根龙骨上，接缝宽度一般为3～5mm，见图5-7～图5-9。

（8）造型面安装基层板

先在轻钢龙骨预留处做好木龙骨转换结构，特别是叠接式连接木龙骨要牢固。基层板一般都采用阻燃型的9mm厚多层板，基层板用自攻螺丝固定，安装时先将基层板就位，用直径小于自攻螺丝直径的钻头将基层板与龙骨钻通，再安上自攻螺丝加以拧紧。基层板要在自由状态下固定，不得出现弯棱凸鼓现象，基层板长边沿纵向次龙骨铺设；固定板用的次龙骨间距不应大于600mm。

以上（7）和（8）项是顶面上的直接施工方法。对于造型较复杂的圆顶多角形顶，则可以在地面放样制作，根据材料和工艺事先

图 5-6 平顶纸面石膏板安装

图 5-7 石膏板“7”字形转角安装

组装和饰面处理，设置吊挂结点，用设备将成品挂装在混凝土楼板的预埋挂件上，将固定点调平整后，沿边做好木龙骨之间的连接，具体施工见图 5-10～图 5-13。复杂的木制造型件应经过深化设计，绘制成便于工厂加工的部件形式，组织工厂预制加工，实现现场组装。

(9) 安装木饰面板

木饰面板安装前，先确定饰面板与样板一致，并注意是同一批

图 5-8　九厘板“7”字形转角安装

图 5-9　金属薄板“7”字形转角安装

材，无色差，木纹基本一致，才能符合要求。木饰面板的安装要采用胶黏剂粘在基层板上及枪钉固定，在粘的同时要注意胶要施涂均匀，各个位置部位都要涂到，保证木饰面板和基层板之间有充分的牢固；枪钉固定后，对钉眼用同色笔点涂修补。图 5-14 所示为异形吊顶要装木饰面板示意图。轻钢龙骨木饰面造型顶成品效果见图 5-15。

图 5-10 造型复杂圆顶地面放样

图 5-11 造型复杂圆顶地面拼装

5.1.2.3 成品保护

① 吊顶工程在水电、暖通等安装完成验收后，再进行封板，避免返工破坏成品。

② 做好施工过程中的窗户部位的维护，防止风吹，下雨时顶板板材要防止受潮。

③ 顶面管道阀门部位要设置检修孔以方便上下人操作。

图 5-12　造型复杂圆顶吊装到位局部（一）

图 5-13　造型复杂圆顶吊装到位局部（二）

④ 安装灯具和通风罩等需提前做加固，避免局部受力造成损坏。

⑤ 吊顶安装完毕，施工中不得搬运超高材料，以免撞坏吊顶表面。

5.1.3　顶面木作工程质量控制和质量检验

5.1.3.1　木龙骨木饰面板吊顶施工质量控制

① 吊顶工程标高、尺寸、起拱和造型应符合设计要求。

图 5-14 异形吊顶安装木饰面板

图 5-15 轻钢龙骨木饰面造型吊顶成品效果

② 吊杆、木龙骨和木饰面的安装必须牢固，材质的规格、安装间距及连接方式应符合设计要求。

③ 木龙骨架相互对接在同一平面上，两者之间要固定衔接。

④ 木饰面板表面应洁净、色泽一致，无翘曲、裂缝、缺损。压条应平直、宽窄一致。

⑤ 木饰面板上的灯具、烟感器、喷淋头、风口等设备的位置应合理、美观，交接应吻合、严密。

⑥ 金属吊杆、龙骨的接缝应均匀一致，角缝应吻合，表面应平整，无翘曲、锤印。

5.1.3.2　木龙骨木饰面板吊顶质量检验

木龙骨木饰面板吊顶的允许偏差应符合表5-1的规定。

表5-1　木龙骨木饰面板吊顶的允许偏差

项　目	允许偏差/mm	检验方法
表面平整度	2	用2m靠尺和塞尺检查
接缝直线度	3	拉5m线,不足5m拉通线,用钢直尺检查
板块之间接缝高低差	1	用钢直尺和塞尺检查

5.1.3.3　轻钢龙骨纸面石膏板吊顶施工质量控制

① 吊顶工程标高、尺寸、起拱和造型应符合设计要求。

② 吊顶工程的吊杆、龙骨和纸面石膏板的安装必须牢固；材质、规格、安装方式应符合设计要求。

③ 纸面石膏板的接缝应按其施工工艺进行板缝防裂处理。

④ 纸面石膏板表面应洁净、色泽一致，无翘曲、裂缝、缺损。压条应平直、宽窄一致。

⑤ 纸面石膏板上的灯具、烟感器、喷淋头、风口箅子等设备的位置应合理、美观，交接应吻合、严密。

⑥ 金属吊杆、龙骨的接缝应均匀一致，角缝应吻合，表面应平整，无翘曲、锤印。

5.1.3.4　轻钢龙骨纸面石膏板吊顶质量检验

轻钢龙骨纸面石膏板吊顶的允许偏差应符合表5-2的规定。

表5-2　轻钢龙骨纸面石膏板吊顶的允许偏差

项　目	允许偏差/mm	检验方法
表面平整度	3	用2m靠尺和塞尺检查
接缝直线度	3	拉5m线,不足5m拉通线,用钢直尺检查
接缝高低差	1	用钢直尺和塞尺检查

5.2 墙柱面木作工程

在室内木装饰施工中，反映墙柱面的装饰内容有：木龙骨板材隔墙施工、木饰面墙柱面制作、木质吸音板墙面制作、轻钢龙骨纸面石膏板隔墙安装施工、软包木饰面以及方柱、圆柱和造型柱体的装饰，基本施工要求是掌握装饰基层结构在建筑墙体上的连接牢固度、装饰材料之间的细部配合，满足装饰的饰面要求，以达到成品平整、垂直，施工工艺精致的质量要求。

5.2.1 木龙骨板材隔墙施工

5.2.1.1 主要流程

施工准备→定位放线→木龙骨安装→门窗洞口制作→饰面板安装→压缝收口。

5.2.1.2 操作要点

(1) 施工准备

对于木结构隔墙的施工，楼地面平整、墙面及顶面初装修已完，安装工程的管线配合问题已落实。所用材料的材质均应符合标准规定，木作材料已做好防腐、防潮、防火处理。

(2) 定位放线

借助墙面的水平线和轴线，按施工图的要求，用激光水准仪定位放线，先在楼、地面上用墨斗弹出中心线及边线，然后用激光水准仪引至楼板或梁底，以及侧面墙或柱上，用墨斗弹出隔墙的位置线，作为四周边框龙骨安装时的依据。

(3) 木龙骨安装

木龙骨板材隔墙的骨架形式有两种：其一为大木方的单层结构，这种结构的龙骨断面尺寸通常用 50mm×70mm 或 50mm×90mm 的大木方作主要骨架材料，有些高度大于 2.6m 的隔墙，骨架要加型钢加强处理，骨架间距与板材规格结合，立筋之间间距一般为 400～600mm，横筋间距可大一些，一般选 600～800mm；其二为小木方的双层结构，主要对木隔墙有一定的厚度要求。常用 30mm×40mm 带凹槽木方作为两片骨架的材料。组成骨架时，先可在地面进行拼装组成，每片骨架之间纵横间距为 300mm×300mm 或 400mm×400mm，再将两个骨架体用大木方竖横向相连接，具体施工见图 5-16 和图 5-17。

图 5-16　木龙骨地面拼装

图 5-17　木龙骨安装定位

大木方单层骨架的安装。先按弹线位置固定沿顶及沿地龙骨，再按弹线位固定沿墙边龙骨，然后在龙骨四周内划出立筋龙骨位置和门窗口位置线，安装立筋龙骨，找直找平后安装横筋龙骨，最后安装洞口处加强龙骨。

以上两种木龙骨骨架安装均采用木楔圆钉固定。用 16mm 的冲击电锤在建筑的安装面上打孔，孔距为 600mm 左右，钻孔深度不小于 60mm。在钻出的孔中打入木楔，木楔装前需涂防腐剂。安装木龙骨时，对每片骨架体应校正平整度和垂直度后再进行固定。对于大木方制作的框架，也可以用 M6 或 M8 的膨胀螺栓固定，钻头按 300～400mm 间距打孔，直径略大于膨胀螺栓的直径。

有些有开启门扇的木隔墙，考虑整个墙体的震动，吊顶楼板下需应采用较为牢固的措施，一般做法是竖向龙骨穿过吊顶面与建筑楼板底面固定，采用方木或角钢用斜角支撑的方法，也可用木楔铁钉或膨胀螺栓固定，如图 5-18 所示。

（4）门窗洞口制作

门洞口制作以隔墙门洞两侧竖向立筋龙骨为基体，配以门樘框、饰边板和线条组装而成。对于小木方双层结构的隔墙，所用木龙骨尺寸较小，可以在门洞内侧钉上 12mm 厚多层板，再在板上固定门樘框。门框的包边饰边做法多种，按设计要求加工的门框通常用铁钉或木卡连接的方法固定。窗框在木隔墙上留出孔洞的，可用多层板和木线条进行压边收口。木隔墙窗采用玻璃固定式，以及活动窗扇式时，固定窗用木线条把玻璃板定位在框中，活动窗扇式则用合页进行开启。

（5）饰面板安装

根据要求可选用饰面多层胶合板、纸面石膏板饰面安装等，如图 5-19 和图 5-20 所示。在安装之前，电气、通信等专业做好预留预装工作，交代下一步开孔位置。对于整面木龙骨架的平整度控制，用 2m 靠尺进行检查，修整不平之处，保证达到符合标准要求。

① 饰面多层胶合板。一般选用表面纹理美观的 5mm 厚或

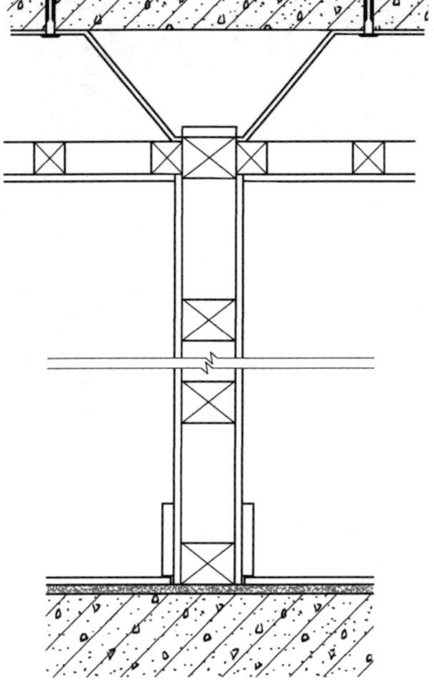

图 5-18　木隔墙与顶面的固定示意图

图 5-19　饰面多层胶合板安装

图 5-20 纸面石膏板饰面安装

9mm 厚的板材作装饰面。在框架上上胶后将饰面多层胶合板用枪钉固定，要求钉入面板 1mm 内。对于板材饰面拼缝可按设计要求，选用明缝、拼缝固定，金属线压缝，木压条压缝和打胶收缝处理，具体图 5-21。

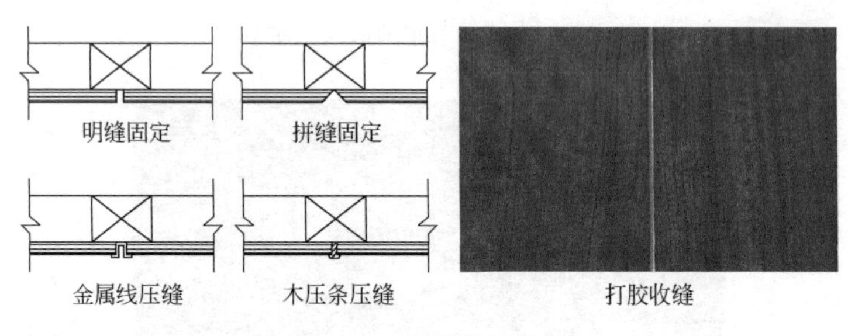

图 5-21 板材拼缝节点

明缝固定：两板之间缝宽 4～6mm 为宜，要求木龙骨面刨光，两板之间对缝要光洁、宽度一致。

拼缝固定：板面四边倒角处理，板边倒角控制为 45°，楞边尺寸要求准确。

金属线压缝：在基础板缝上嵌金属条，并用免钉胶加以固定。

木压条压缝：选用木压条时应与饰面多层胶合板为同种面材，

线条干燥无裂纹，用枪钉打入固定。

打胶收缝：是用同色调的专用胶嵌缝处理。

② 纸面石膏板饰面。在木龙骨框架面上，石膏板应竖向铺装，长边接缝宜落在竖向龙骨上。如用双层石膏板安装，内外两层石膏板错缝排列，接缝不应落在同一龙骨上；需要隔声、防火的应按设计要求在龙骨一侧安装石膏板，进行隔声、防火等材料填充后，再封另一侧板。石膏板采用自攻螺钉固定，周边螺钉间距不应大于200mm，中间部位螺钉间距不应大于300mm，螺钉与板边缘的距离应为10～16mm。钉头略埋入板内，但不得损坏底面。

(6) 压缝收口

木龙骨饰面隔墙根据饰面板材的选用不同，对于木饰面的要做好板材之间工艺缝隙的光洁度修整，木压线的对角要准确；表面应达到平整、光洁的要求，线面应挺括。同时要与顶面、墙面，以及隔墙的门、窗之间节点做好收口。

木龙骨板材隔墙成品效果见图 5-22 和图 5-23。

图 5-22　木龙骨板材隔墙成品效果（一）

5.2.1.3　成品保护

① 隔墙的木骨架及饰面板安装时，应保护吊顶已装好的线管

图 5-23 木龙骨板材隔墙成品效果（二）

及设备，以及隔墙内各种线管和盒的位置。

② 如地面部位还需湿作业时，必须做好隔墙下部防水、防潮工作。

③ 对完成的隔墙表面要进行薄膜保护、边角硬纸板保护，使其不变形、不受潮、不损坏、不污染。

5.2.2 木饰面墙柱面制作

5.2.2.1 主要流程

测量放线→木龙骨架制作（刷防火涂料）→ 在墙上钻孔、打入木楔→安装木龙骨架→安装多层板基层→安装木饰面板→面板修正。

5.2.2.2 操作要点

(1) 测量放线

依据施工放样图的要求，以土建平移出来的控制线为依据，在墙面弹出的 1m 水平线、轴线的基础上，在墙面弹出木龙骨的横向、竖向排列分格线。

(2) 木龙骨架制作(刷防火涂料)

木饰面的结构通常采用25mm×30mm的方木。先将方木料拼放在一起，刷防腐涂料。待防腐涂料干后，再按分档加工出凹槽榫，在地面进行拼装，制成木龙骨架。拼装木龙骨架的方格网规格通常是300mm×300mm或400mm×400mm(两方木中心线距离尺寸)。对于面积不大的木墙身，可一次拼成木骨架后，安装上墙。对于面积较大的木墙身，可分做几片拼装上墙，见图5-24。木龙骨架做好后，应背面涂刷三遍防火涂料。

图5-24 木龙骨架方格网

(3) 在墙上钻孔、打入木楔

用ϕ16～ϕ20的冲击钻头在墙面上弹线的交叉点位置钻孔，孔距600mm左右，孔深度不小于60mm，钻好孔后，随即打入经过防腐处理的木楔。

(4) 安装木龙骨架

① 竖起木龙骨架体，待垂直度、平整度都达到要求后，即可用钉子将其钉固在木楔上。打钉子时配合校正垂直度、平整度，木龙骨架下凹的地方加垫木块，垫平直后再钉钉子，检查墙面的阴阳角方正度，做到木龙骨结构无松动现象，具体图5-25。

② 对于柱面造型的，按柱面实际尺寸，在做好基层骨架的基

图 5-25　木龙骨架方格网上墙

础上，成品木饰面可分二至三片制作，成品木饰面与基层骨架之间用卡档连接。对于方柱木饰面施工，应加强塞角龙骨牢固性，表面应贴平，安装后必须平整方直。

柱面木饰面施工节点分为方柱和圆柱，如图 5-26～图 5-29 所示。柱体木饰面部件与基层骨架固定之前，要对龙骨不平整处及连接部位进行修平处理。

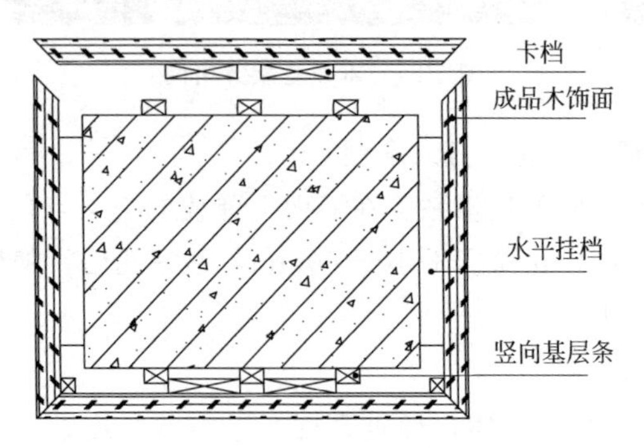

图 5-26　方柱木饰面施工节点

方柱木饰面施工要点：两侧卡档用横向安装，正面（背面）卡档用竖向安装。工厂加工的“U”字形部件正面推入，调整误差后再装背板。背板的两侧阳角做好收口处理。

图 5-27　方柱木饰面成品效果

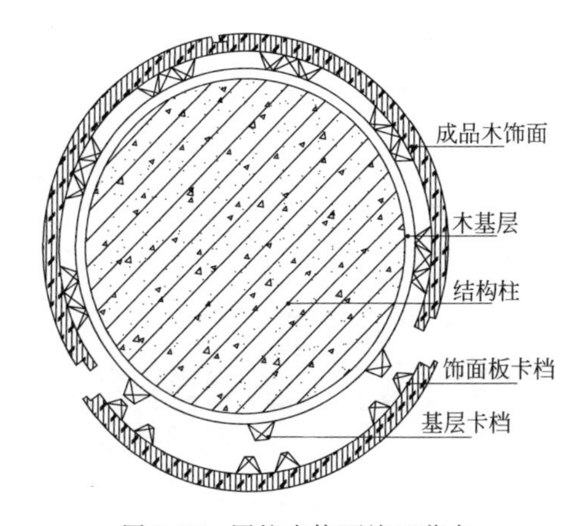

图 5-28　圆柱木饰面施工节点

圆柱木饰面施工要点：根据圆柱尺寸大小及设计要求确定木饰面的分块。木饰面和木档基层含水率控制在 12%以下，并做好防火、防腐处理。木饰面缝宽、缝深一致，表面顺直，边线挺括，缝内光洁美观。组装时饰面的背面竖向卡档与基层的竖向卡档相连接，并用免钉胶固定。

（5）安装多层板基层

图 5-29 圆柱木饰面成品效果

校正木龙骨面的平整度后，细木工板或多层板正面画出木线位，背面需涂防腐及防火涂料二遍，用枪钉固定，见图 5-30。

图 5-30 多层胶合板基层

（6）安装木饰面板

将成品的木饰面板配好后进行调装，面板的尺寸、接点处抽条配合完全合适。木纹方向一致，颜色观感可以的情况下开始安装在编号的木基层的墙上，按要求先预装带斜面的挂档，将背带挂装的木饰面板整块部件挂装上去，与固定挂档横向自然贴合，继续安装相邻板块，拼板之间有条缝的需调整好抽条，达到平整要求，挂档和连接缝涂胶固定。

(7) 面板修正

木饰面板全部安装完成后，缝隙按要求用装饰嵌条或边缝打胶处理，并清理板面。

图5-31所示木饰面卡档搭接细部节点图。在施工时应做好木基层的防火、防腐处理。基层的木卡档要求安装牢固，宜用乳白胶加粗纹木螺钉固定。成品木饰面部件背面应做防潮处理。成品木饰面阳角组合部件宜与木饰面配套加工完成。木饰面为贴平，应按由下往上的方式安装，踢脚线及其基层应在木饰面安装后施工。

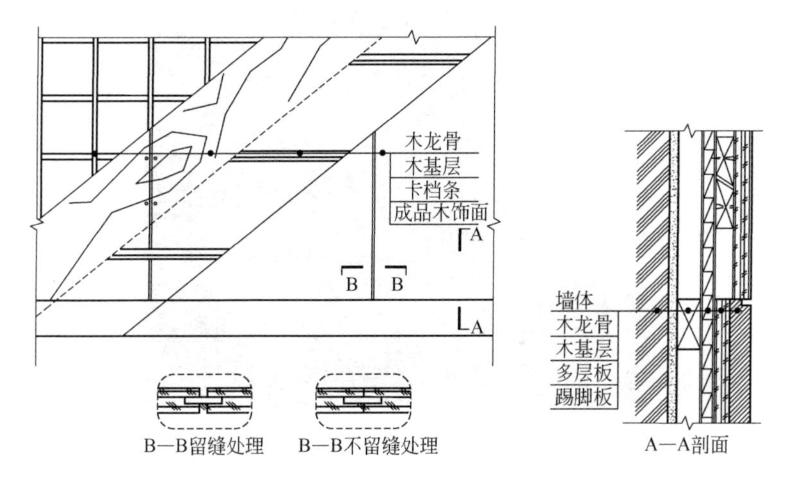

图5-31　木饰面卡档搭接细部节点

木饰面墙柱面成品效果见图5-32和图5-33。

5.2.2.3　成品保护

① 对安装完成的木饰面板易污染或易碰撞的部位采取保护措施，要有塑料薄膜胶带包扎，见图5-34。

图 5-32　木饰面墙柱面成品效果（一）

图 5-33　木饰面墙柱面成品效果（二）

② 对木饰面阳角要有硬质纸板角条加胶带包扎。

5.2.3 木质吸音板墙面制作

5.2.3.1　主要流程

测量放线→木龙骨安装→钢丝网安装→二道木龙骨安装→填充

图5-34 木饰面墙成品保护

隔音棉→无纺布安装→卡扣条安装→木质吸音板安装→修整处理。

5.2.3.2 操作要点

(1) 测量放线

按施工图的要求，对建筑墙面尺寸进行测量，根据测量结果，修正图上尺寸。以土建控制线为依据，获得1m水平线为基准线，并弹出轴线，放样方法基本相同，这里主要是控制好板面的布置线位。

(2) 木龙骨安装

根据设计施工图、现场实际尺寸以及木质吸音板的规格尺寸在墙面弹出第一道木龙骨排布图。根据龙骨排布图在墙面确定打木筋的位置。安装木龙骨前，首保证木作基层的平整度、垂直度基准要求，且木龙骨要做防火、防腐、防蛀处理。木龙骨间距为300mm×400mm，中心距龙骨固定采用美固钉固定，安装要牢固。龙骨安装完成后，对整幅墙面的龙骨进行平整度、垂直度的复核检查。

(3) 钢丝网安装

在木龙骨的基架上，采用10mm×10mm的钢丝网，钢丝网拉紧绷直，并用码钉固定，钉距为150mm，如图5-35所示。

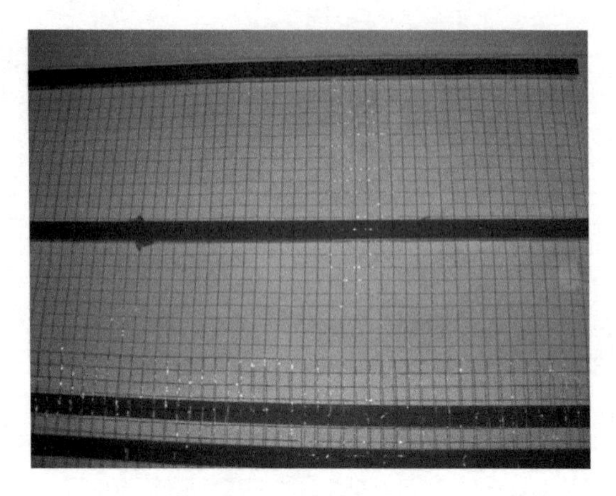

图 5-35 钢丝网安装

(4) 二道木龙骨安装

钢丝网安装完成后，安装第二道木龙骨，第二道龙骨间距为 1200mm×400mm。在安装龙骨前，对木龙骨四面刨光，以保证平整度、垂直度，且要做防火、防腐、防蛀处理，保证安装牢固。

(5) 填充隔音棉

第二道木龙骨安装完成后，填充 50mm 厚隔音棉，隔音棉填充要求饱满、密实，如图 5-36 所示。根据第二道龙骨的排布图，

图 5-36 填充隔音棉

绘出吸音板排布图，规格板与非规格板在图纸上标注，非规格板要一一编号，便于安装。吸音板开槽尺寸根据龙骨的排布图尺寸施工。

（6）无纺布安装

隔音棉施工完成后，安装无纺布，无纺布采用码钉固定，钉距150mm，如图5-37所示。

图5-37 无纺布安装

（7）卡扣条安装

在无纺布完成面弹出卡扣条的位置，卡扣条安装于横龙骨中间，且安装要牢固。

（8）木质吸音板的安装

木质吸音板安装次序从左到右、从下到上，木龙骨与墙面用美固钉连接，木质吸音板用卡扣条固定在木龙骨上。吸音板有对缝对孔要求的，每一块应按吸音板编好的编号依次进行，达到整体统一的工艺要求，如图5-38和图5-39所示。

（9）修整处理

板件全部安装完成后，缝隙按设计要求调整到位，边条板经打胶处理后，整面应清理干净。木质吸音板安装成品效果见图5-40和图5-41。

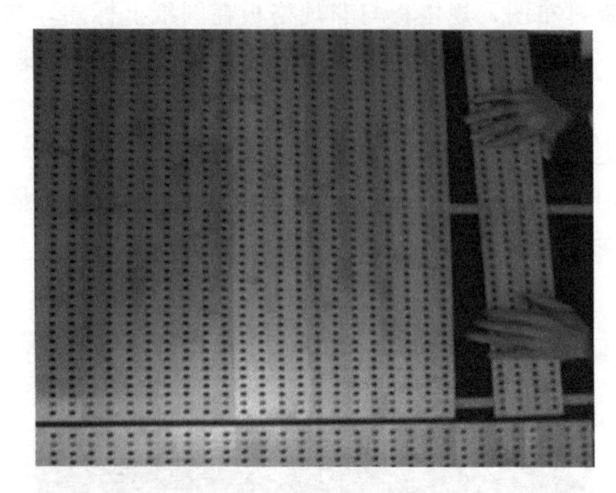

图 5-38　安装木质吸音板局部

图 5-39　安装木质吸音板

5.2.3.3　成品保护

① 吸音板进场应有完整、密封的防护包装，避免运输和堆放过程中碰撞受损。

② 安装完成并经验收合格后，应在表面做塑料薄膜保护。

③ 对吸音板的边角处，要有硬质纸板角条加胶带包扎。

图 5-40　吸音板局部效果

图 5-41　吸音板安装成品效果

5.2.3.4　注意事项

① 木质吸音板的品种、规格、颜色和木质耐燃烧性能等级应符合设计要求。

② 木龙骨安装预埋件连接件的数量、规格、位置、连接方法、后置埋件的现场拉拔强度必须符合要求。

③ 木质吸音板嵌缝应密实、平直，宽度和深度、嵌填材料色泽应一致。

④ 木质吸音板上的孔洞应套割吻合，边缘应整齐。

5.2.4 轻钢龙骨纸面石膏板隔墙安装施工

5.2.4.1 主要流程

弹线→安装天地龙骨（沿边龙骨）→安装竖龙骨→安装通贯龙骨→安装机电管线→安装横撑龙骨→门窗等洞口制作→安装第一层石膏板（一侧）→安装填充材料（岩棉）→安装第一层石膏板（另一侧）→安装第二层石膏板（两侧同时）。

5.2.4.2 操作要点

（1）弹线

在地面上弹出水平线并将线引向侧墙和顶面，并确定门洞位置，结合罩面板的长、宽分档，以确定竖向龙骨、横撑及附加龙骨的位置以控制墙体龙骨安装的位置、龙骨的平直度和固定点。

设计有混凝土地枕带时，应先对楼地面基层进行清理，按地枕带的宽度凿毛处理，打孔植筋（间距一般为400mm），浇水湿润后浇筑C20素混凝土地枕带（高度一般为100mm左右），振捣密实，上表面应平整，待混凝土强度达到75%及以上时方可拆模，拆模后应抹地枕带两侧，确保垂直光滑，如图5-42和图5-43所示。

（2）安装天地龙骨（沿边龙骨）

沿弹线位置固定天地龙骨（沿边龙骨），经各自交接后的龙骨，应保持平直。固定点间距应不大于600mm，龙骨的端部必须固定牢固。天地龙骨（沿边龙骨）与建筑基体之间应安装一根通长的橡胶密封条。图5-44所示轻钢龙骨隔墙构造图。

（3）安装竖龙骨

由隔断墙的一端开始排列竖龙骨，有门窗的要从门窗洞口开始分别向两侧排列。当最后一根竖龙骨距离沿墙（柱）龙骨的尺寸大

图 5-42　浇筑混凝土地枕带

图 5-43　拆模后地枕带效果

于设计规定时，必须增设一根竖龙骨。T 形、L 形节点处龙骨安装应正确，如图 5-45 所示。

（4）安装通贯龙骨

要求隔断高度低于 3m 安装一道，3～5m 安装再至三道，通贯龙骨与框架竖向龙骨应有可靠连接，连接尺寸不少于 150mm，通贯龙骨搭接长度不少于 150mm。在竖龙骨开口面安装支撑卡与通

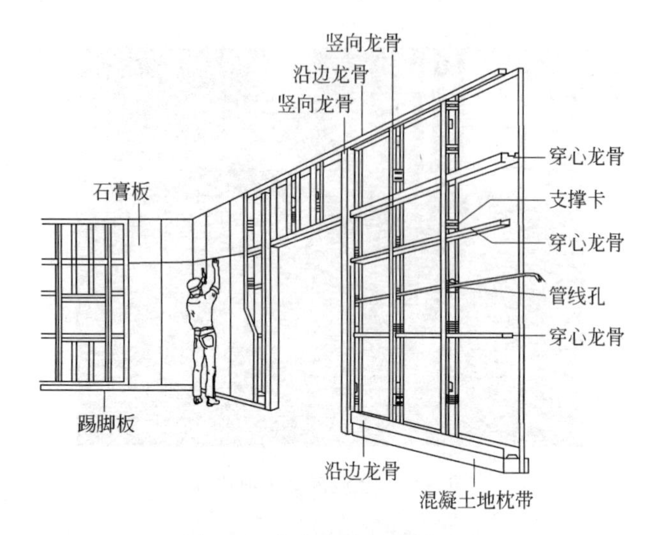

图 5-44 轻钢龙骨隔墙构造图

图 5-45 安装竖龙骨

贯龙骨连接锁紧，卡距为 400～600mm，也可根据需要在竖龙骨背面加设角托与通贯龙骨固定，如图 5-46 所示。

图 5-46　安装通贯龙骨

（5）安装机电管线

按设计要求，隔墙中设置有电源开关插座、配电箱等小型设备末端时应预装水平龙骨，严禁使用木质龙骨，若铺设线管造成龙骨切断时，需采取局部加强措施，见图 5-47 和图 5-48。

图 5-47　隔墙中电源插座安装

图 5-48　机电管线安装效果

（6）安装横撑龙骨

隔墙骨架高度超过 3m 或石膏板的水平方向板端（接缝）未落在天地龙骨上时，应设横向龙骨，如图 5-49 所示。

图 5-49　安装横撑龙骨

（7）门窗等洞口制作

门窗框制作应符合设计要求，一般轻型门扇（35kg 以下）的门框可采取竖龙骨对扣中间加木方的方法制作；而重型门的门框采取架设钢支架加强的方法，竖龙骨与钢架之间，应安装一根通长的橡胶密封条，避免刚性连接，见图5-50。

图5-50　门洞口的制作

（8）安装第一层石膏板（一侧）

石膏板宜竖向铺设，其长边（包封边）接缝应落在竖龙骨上。曲面墙体石膏板安装时，宜横向铺设。门窗洞口的边角必须采用“7”字形安装；石膏板对接、石膏板与建筑基体对接时，接缝宽度一般为3～5mm。石膏板用自攻螺钉固定。沿石膏板周边螺钉间距不应大于400mm，中间部分螺钉间距不应大于600mm，螺钉与板边缘的距离应为10～15mm。自攻螺钉进入轻钢龙骨内的长度，以不小于10mm为宜。

（9）安装填充材料（岩棉）

待管线安装完毕，铺放墙体内的玻璃棉、矿棉板、岩棉板等填充材料，填充材料应铺满铺平，把管线裹实，见图5-51。

（10）安装第一层石膏板（另一侧）

施工过程中注意各工种之间的配合，待隐蔽验收合格后方可安装另一侧面板；安装方法同第（8）条，但龙骨两侧石膏板应错缝排列且不得落在同一根龙骨上。

（11）安装第二层石膏板（两侧同时）

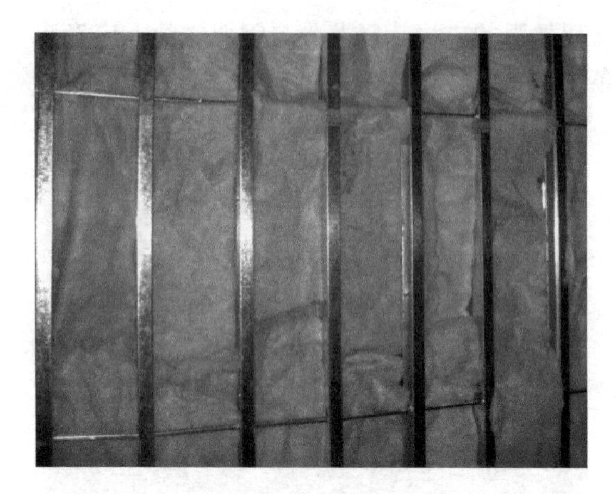

图 5-51 安装填充材料

安装第二层石膏板时，龙骨两侧的石膏板及龙骨一侧的内外两层石膏板应错缝排列且不得落在同一根龙骨上，错缝应不小于300mm；安装第二层石膏板时自攻螺钉的间距为：沿板周边螺钉间距不应大于200mm，中间部分螺钉间距不应大于300mm，螺钉与板边缘的距离应为10～15mm。自攻螺钉进入轻钢龙骨内的长度，以不小于10mm为宜，见图5-52。

轻钢龙骨石膏板隔墙的下端如用木踢脚板覆盖，第二层轻钢龙骨石膏板尖离地面20～30mm；用大理石、水磨石踢脚时，第二层轻钢龙骨石膏板下端应与踢脚板上口齐平，接缝应严密。

无混凝土地枕带时，轻钢龙骨纸面石膏板墙面底部应防潮，其节点见图5-53。轻钢龙骨石膏板隔墙的底部增加250mm纤维水泥板面板，可有效防御来自地面的水汽作用，无需全部采用耐水石膏板也能达到耐水防潮性能，可节约成本。

轻钢龙骨石膏板隔墙成品效果见图5-54。

5.2.4.3 成品保护

① 纸面石膏板安装前，应在木底架上整体叠放，避免板材受潮变形。

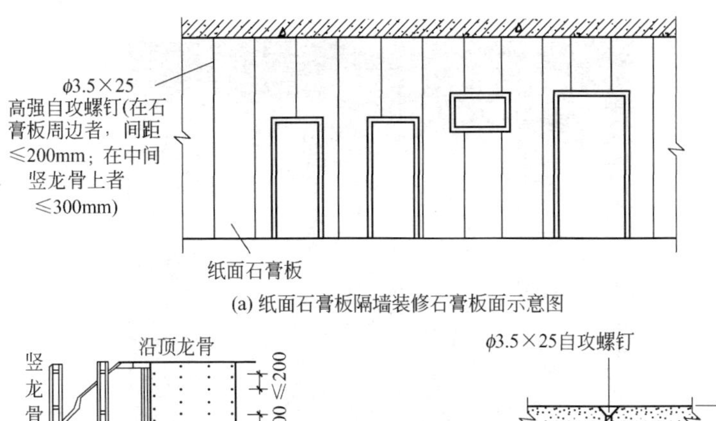

(a) 纸面石膏板隔墙装修石膏板面示意图

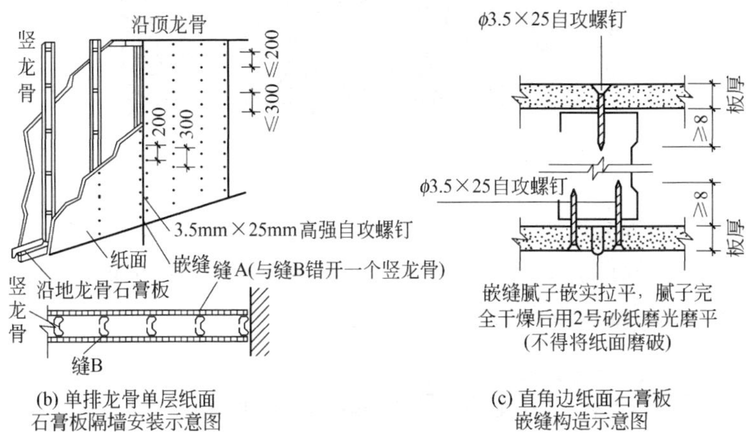

(b) 单排龙骨单层纸面石膏板隔墙安装示意图

(c) 直角边纸面石膏板嵌缝构造示意图

图 5-52　石膏板安装示意图

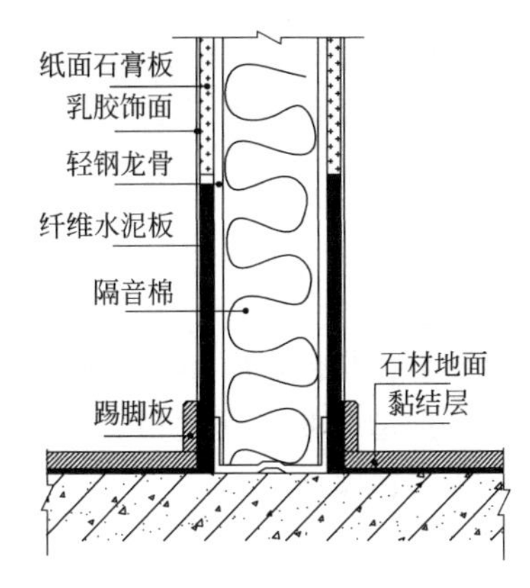

图 5-53　无混凝土地枕带墙面底部防潮节点

图 5-54 轻钢龙骨石膏板隔墙成品效果

② 隔墙完成后，旁边应放置警示牌，避免板面碰撞受损。

③ 隔墙门套安装后，采用塑料薄膜对表面进行包护，并下部用硬质纸板套胶带包扎。

5.2.5 软包木制作（木框架式制作）

5.2.5.1 主要流程

测量放线→基层板制作→基层板贴海绵→包装饰面料→安装装饰面块 →装饰收口。

5.2.5.2 操作要点

（1）测量放线

根据设计图纸的要求，结合墙面 1m 水平线、轴线为依据，把所要软包的部位尺寸，造型分割等通过吊直、套方、弹线等工序，把实际尺寸与要求，落实在墙面上。

（2）基层板制作

在墙面木基层已完工的情况下，开始做木饰面面层时，结合穿插做软包贴面装饰。按装饰图纸软包尺寸裁锯 9mm 厚多层板作基层板，板块之间预先定位，要求拼缝留 3mm。

（3）基层板贴海绵

依据开出的基层板尺寸，在基层板四边钉上 15mm×15mm 的小木线并倒圆角，内放置 20mm 厚海绵，用免钉胶粘在基层板上。另外选用 10mm 厚海绵，施工时将海绵四周涂上免钉胶，待稍干后，将内折自粘，内折自粘时应用力均匀，距离一致，保证海绵自粘后形成的弧边平滑一致，黏结完成后的海绵尺寸翻于基层板后的四边 50mm 左右。

（4）包装饰面料

装饰面料的裁剪尺寸应比海绵自粘后尺寸大一些。包装时应用软包钉在长向的一边固定装饰面料。在订装饰面料时，应考虑装饰面料的纹理。要求所有块件的纹理布置应一致。待一边固定完毕后，再固定另一边。拉面料时应用手将布面由先固定的一边向需固定一边轻抹，拉紧后软包钉在板底将布固定。软包的松紧度用手指按在上面离开后能恢复自然为合适。

（5）安装装饰面块

把预制好的软包块，按照定位在横竖坐标线上放正，上部用木条加钉子临时固定，然后把下端和两侧位置找好后，便可按设计要求粘装面板，连续拼接时，应将软包块之间试排，如纹理不统一时应及时调整。

（6）装饰收口

如整体软包面有装饰边线的，必须按设计要求进行细致装配，以使装饰边面完整美观。

墙面软包细部节点见图 5-55。软包木制作成品安装效果见图 5-56。

5.2.5.3　成品保护

① 软包在施工过程中，必须加强对面料保护，切勿将沾染上

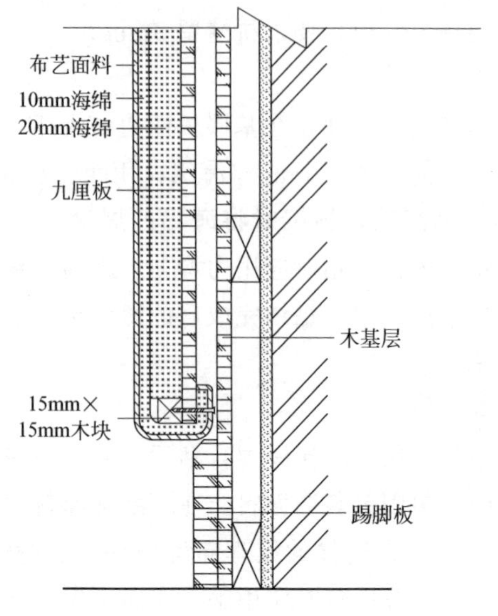

图 5-55 墙面软包细部节点

图 5-56 软包木制作成品效果

灰尘。

② 对成品的软包墙面进行塑料膜保护。

5.2.6 软包木制作（专用型条制作）

5.2.6.1 主要流程

测量放线→木基层制作→木基层板上划线→铺钉型条→粘贴海绵→插入面料→平面修边。

5.2.6.2 操作要点

（1）测量放线

根据设计图纸的要求，在墙上以1m水平线为基准线，弹出轴线，以此来确定墙面分格尺寸。

（2）木基层制作

根据测量放线的尺寸位置，在墙面上做好木龙骨排列，打木筋固定，用细木工板制作木基层，保证木作面符合平整、垂直度要求，具体见图5-57。

图5-57 软包木基层

（3）木基层板上划线

在木基层的底板上，按设计要求划出方块线，并构成图案。

（4）铺钉型条

将型条按木基层划线铺钉，交叉安装时，将型条固定面剪出缺口以免相交处重叠。曲线安装时，将型条固定面剪成锯齿状后，可弯曲铺钉。型条的固定方法是用免钉胶黏结加打码钉的方法固定，具体见图 5-58。

图 5-58 铺钉型条

(5) 粘贴海绵

将海绵面料剪成软包单元的规格，根据海绵的厚度边，略放大些尺寸，将海绵块填充在方块内，并用胶粘贴平整，见图 5-59。

图 5-59 粘贴海绵

（6）插入面料

用插刀将面料插入型条缝隙。插入时应均匀地嵌入，待面料四边定型后边插边修正。同一款面料，则不需要将面料完全剪开，将中间部分夹缝填好，再向周围铺开，见图5-60和图5-61。

图5-60 边插边修正面料

（7）平面修边

紧靠木线条时可直接插入相邻的缝隙，插入面料前在缝隙边略涂胶水固定。如果没有相邻物，则将面料收入型条与墙面的夹缝；若面料较薄，将收边面料倒覆盖在上面，插入型条与墙面的夹缝，使侧面达到平整美观的要求。软包木制作成品效果见图5-62。

5.2.6.3 成品保护

① 软包在施工过程中，必须加强对面料的保护，切勿沾染上灰尘。

② 对成品的软包墙面进行塑料膜保护。

图 5-61 插刀嵌入面料

图 5-62 软包木制作成品效果

5.2.6.4 注意事项

① 根据面料的厚度情况，确定型条相交处所留空隙的大小。

② 对于薄型面料，型条夹不紧时，可在夹缝中嵌入一条直径在 3mm 左右的棉绳加以固定。软包面料是真丝面料，粘贴海绵后

则需要先铺一层衬布，再插面料。

③ 插面料可用薄型的圆角刀来完成。

④ 插仿皮革时，插刀要沾些清洁剂以防磨损。

⑤ 安装开关或插座时，型条订成与线盒大小相同的方格，让出线盒的位置。

5.2.7 墙柱面木作工程质量控制和质量检验

5.2.7.1 木龙骨板材隔墙施工质量控制

① 骨架隔墙所用龙骨、配件、罩面板、填充材料及嵌缝材料的品种、规格、性能和木材的含水率应符合设计要求。有隔声、隔热、阻燃、防潮等特殊要求的工程，材料应有相应性能等级的检测报告。

② 骨架隔墙工程边框龙骨必须与基体结构连接牢固，并应平整、垂直、位置正确。

③ 骨架隔墙中龙骨间距和构造连接方法应符合设计要求。骨架内设备管线的安装、门窗洞口等部位加强龙骨应安装牢固、位置正确，填充材料的设置应符合设计要求。

④ 木龙骨及木墙面板的防火防腐处理必须符合设计要求。

⑤ 骨架隔墙的墙面板应安装牢固，无脱层、翘曲、折裂及缺损。

⑥ 墙面板所用接缝材料和接缝方法应符合设计要求。

5.2.7.2 木龙骨板材隔墙质量检验

① 骨架隔墙表面应平整光滑、色泽一致、洁净、无裂缝，接缝应均匀、顺直。

② 骨架隔墙上的孔洞、槽、盒应位置正确、套割吻合、边缘整齐。

③ 骨架隔墙内的填充材料应干燥，填充应密实、均匀、无下坠。

④ 骨架隔墙安装的允许偏差和检验方法应符合表5-3的规定。

表5-3 骨架隔墙安装的允许偏差和检验方法

项目	允许偏差/mm	检验方法
立面垂直度	3	用2m垂直检测尺检查
表面平整度	3	用2m靠尺和塞尺检查
阴阳角方正	3	用直角检测尺检查
接缝高低差	1	用钢直尺和塞尺检查

5.2.7.3 木饰面墙柱面施工质量控制

① 木龙骨、木饰面的燃烧性能要符合设计要求。

② 固定木龙骨的木楔应做防腐、防火处理，对墙面有防潮要求的，龙骨与墙体之间需铺一层聚氨酯薄膜。

③ 木饰面与基层之间必须牢固无松动。

④ 木饰面板表面应平整、洁净、色泽一致，无裂痕和缺损。

⑤ 木饰面上的孔洞套割尺寸正确、边缘整齐，与电器面板交接应严密吻合。

5.2.7.4 木饰面墙柱面质量检验

木饰面板安装的允许偏差和检验方法应符合表5-4的规定。

表5-4 木饰面板安装的允许偏差和检验方法

项目	允许偏差/mm	检验方法
立面垂直度	1.5	用2m垂直检测尺检查
表面平整度	1	用2m靠尺和塞尺检查
阴阳角方正	1.5	用直角检测尺检查
接缝直线度	1	拉5m线,不足5m拉通线,用钢直尺检查
墙裙、勒脚上口直线度	2	拉5m线,不足5m拉通线,用钢直尺检查
接缝高低差	0.5	用钢直尺和塞尺检查
接缝宽度	1	用钢直尺检查

5.2.7.5　轻钢龙骨纸面石膏板隔墙质量控制

① 隔墙工程所用材料的品种、规格、性能等应符合设计要求。有隔声、隔热、阻燃、防潮等特殊要求的工程，材料应有相应性能等级的检测报告。

② 隔墙安装必须牢固。骨架、板材与周边墙体的连接方式应符合设计要求。

③ 骨架隔墙边框龙骨与基层结构连接牢固，骨架内安装的设备管线、门窗洞口等部位加强龙骨应安装牢固、位置正确，填充材料的设置应符合设计要求。

④ 骨架隔墙的墙面板安装应牢固，板面不得有裂缝或缺损。

⑤ 骨架隔墙内填充材料应干燥，填充应密实、均匀、无下坠，并符合设计要求。

⑥ 纸面石膏板安装应垂直、平整、位置正确。

⑦ 隔墙表面应平整光滑、色泽一致、洁净、无裂缝（痕），接缝处均匀、顺直，骨架隔墙上的孔洞、槽、盒应位置正确、套割吻合、边缘整齐。

5.2.7.6　轻钢龙骨纸面石膏板隔墙质量检验

轻钢龙骨纸面石膏板隔墙允许尺寸偏差和检验方法应符合表 5-5的规定。

表 5-5　轻钢龙骨纸面石膏板隔墙允许尺寸偏差和检验方法

项目	允许偏差/mm	检验方法
立面垂直度	3	用 2m 垂直检测尺尺量检查
表面平整度	3	用 2m 靠尺和塞尺检查
阴阳角方正	3	用直角检测尺检查
接缝高低差	1	钢直尺和塞尺检查

5.2.7.7　软包木饰面质量控制

① 软包面料、内衬材料及边框的材质、颜色、图案、燃烧性

能等级和木材的含水率应符合设计标准。

② 软包工程表面应平整、洁净、无皱褶，部件之间的花纹和图案应统一美观。软包面料和底板用材、海绵要经阻燃处理，符合建筑装饰设计防火的要求。

③ 固定部件时在构件表面不允许打钉。

④ 软包面料的电器盒盖开口应尺寸正确，套割边缘整齐、方正、无毛边，电器盒等交接处应吻合严密。

5.2.7.8 软包木饰面质量检验

软包木饰面的允许偏差和检验方法应符合表 5-6 的规定。

表 5-6 软包木饰面的允许偏差和检验方法

项目	允许偏差/mm	检验方法
垂直度	3	用 1m 垂直检测尺检查
边框宽度、高度	0;−2	用钢尺检查
对角线长度差	3	用钢尺检查
裁口、线条接缝高低差	1	用钢直尺和塞尺检查

5.3 地面木作工程

地面木作工程施工主要分为两类：有用木龙骨铺设木地板和不用木龙骨铺设木地板。用木龙骨架铺设的加上基层板后，再铺面层地板。不用木龙骨的则铺上防潮厚膜后直接铺面层地板。控制地板铺设各施工工序，实现成品使用质量稳定，观感效果好，才是最终目的。

5.3.1 实木复合地板铺设施工

5.3.1.1 主要流程

测量放线→地面防潮处理→安装木搁栅→安装多层板（设计有

要求的）→铺设防潮膜→地板安装。

5.3.1.2 操作要点

（1）测量放线

在平整、干燥的楼板基层上，按设计要求弹出搁栅分格间距和基层预埋件的位置线。依据 1m 水平基准线，在四周墙面上弹出地面完成面标高线。

（2）地面防潮处理

将地面灰尘清理后，涂上两遍专用防潮剂或铺上一层防潮膜。

（3）安装木搁栅

木基层背面应涂三防涂料，即符合防火、防潮、防虫的要求，选用木方规格不小于 50mm×30mm 的松木，其含水率不应大于 12%，采用专用地垄美固钉固定法，在龙骨基体上直接打孔安装，美固钉深入混凝土基层深度不小于 25mm，当局部地面不平时，应以垫木找平。木龙骨宜先从墙一边开始，逐步向对边铺设，铺数根后应用尺找平，严格掌握标高、间距及平整度。木龙骨的表面应平直，木龙骨和墙间应留出不小于 30mm 的间缝，以起到隔潮和通风的作用。钉法采用直钉和斜钉混用，牢固地定在木龙骨上，具体见图 5-63。

图 5-63 木龙骨安装

(4) 安装多层板（设计有要求的）

地板木搁栅安装完毕，需对搁栅进行找平检查，符合要求后，安装多层板一层，厚度在 18mm 左右，含水率应严格控制在 12% 以内。铺设多层板时，接缝应落在底层木搁栅中心线上，钉位相互错开，板之间应留有 5mm 间隙，如图 5-64 所示。

图 5-64 安装多层板

(5) 铺设防潮膜

铺设防潮薄膜，按接缝处用胶带黏合，应杜绝水分浸入。

(6) 地板安装

实木复合地板是由多层纵横交错、经过防虫防霉处理的木单板作基材，再加贴厚度 1.5mm 不等的珍贵木材单皮为表层压制而成的地板。这种地板的规格一般有：1200mm×150mm×15mm、905mm×125mm×15mm 等。

地板铺装时，需检查基层牢度和平整度，如脚踩有响声，应局部加美固钉固定。铺设地板时，将地板侧向榫槽处钻小孔，用地板钉固定地钉在多层板上，采用斜钉方法逐块排紧，钉头不得露出。地板与四周墙面留出 10mm 左右的预留伸缩缝。整体地板接缝时，纵向错位，横线一致，呈“工”字形铺装。为使木地板色泽纹理自然美观，可进行预拼，适度调整，将纹理相似的组合在一起，具体见图 5-65。实木复合地板成品效果见图 5-66。

图 5-65　实木复合地板安装固定

图 5-66　实木复合地板安装成品效果

5.3.1.3　成品保护

① 地板铺装后，可采用纸板箱或废旧布料满铺，接缝部位用封箱带贴封，见图 5-67。

② 地板铺装后，窗帘未安装，需采取遮光措施，应避免阳光直射，造成漆面变黄。

③ 地板上使用凳子和梯子操作时，凳子和梯子脚需用织物

图 5-67 实木复合地板成品保护

包扎。

5.3.2 强化地板铺设施工

5.3.2.1 主要流程

基层处理→铺贴防潮膜→试铺强化地板→强化地板安装→调整处理。

5.3.2.2 操作要点

(1) 基层处理

地面基层必须平整干净，高低不平处一般要求聚合物水泥砂浆找平处理，地面的干燥要加以掌握，需做防潮处理。

(2) 铺贴防潮膜

在铺设的地面需设一层防潮膜，厚度为 2～3mm，接缝处采用对接应用胶带粘贴，防止水汽侵入，按室内面积满铺。对于地下室铺设防潮膜，接缝处应对接并用宽胶带黏结严实，墙角处转边翻起踢脚线相同高度，见图 5-68。

(3) 试铺强化地板

图 5-68 铺贴防潮膜

将地板铺成与窗外光线平行的方向，在走廊应将地板与较长的墙面平行铺装。排与排之间长边接缝必须保持一直线。地板块之间的短接头相互错开至少 200mm，见图 5-69。

图 5-69 强化地板试铺

（4）强化地板安装

强化地板是由中、高密度纤维板基材与三氧化二铝涂布面层复合而成的成品地板。这种地板的规格较为统一，尺寸一般为 1200mm×90mm×8mm。

铺装时，地板之间不与地面防潮膜粘贴，而地板的侧向榫与槽之间用胶水粘接，成为整体。第一排地板只要在短头结尾凸榫内涂胶，使地板间榫槽接合，密实即可，第二排地板需在短边和长边凹榫内涂胶，与第一排地板块的凸榫结合。用小锤隔木垫块轻轻打入，使两块板结合严密。板面余胶要及时清理不留胶迹。每铺实一排板，应及时用靠尺进行平整度检查。最后，地板与墙面相接处留有 8～10mm 缝隙，末行板要作直向锯边修正，用木楔子靠紧，见图 5-70 和图 5-71。

图 5-70 胶水粘贴固定

(5) 调整处理

铺装完地板后，板面胶迹清理，待 24 小时后，胶水固化，去掉四周木楔子。强化地板安装成品效果见图 5-72。

5.3.2.3 成品保护

① 强化地板材料应码放整齐，使用时应轻拿轻放以免损坏棱角。

② 铺装施工时，不应损坏墙面抹灰层。

③ 做好表面层的保护措施，用塑料薄膜覆盖，如图 5-73 所示。

图 5-71　强化地板安装固定

图 5-72　强化地板安装成品效果

5.3.2.4　注意事项

① 强化地板材料，其技术等级和质量要符合要求。

② 面层铺设应牢固，无空脱现象。

③ 面层接头错开有致、缝隙严密、表面清洁。

图 5-73 强化地板成品保护

5.3.3 木踢脚板安装

5.3.3.1 主要流程

测量放线→配料→木踢脚板木基层条安装→防腐剂刷涂→木踢脚板粘贴安装→收口处理。

5.3.3.2 操作要点

(1) 测量放线

安装前要在墙面严格弹出木踢脚板安装水平线，即完成面上沿线，并结合木踢脚板背面的安装槽进行对照，明确踢脚的基层条安装位，做好卡式样板准备，考虑地面材料的交接余地。

(2) 配料

选用踢脚板成品材，有木饰面多层板结构的、实木板的，分别配有安装基层卡条，度量室内尺寸，决定搭接方式。

(3) 木踢脚板木基层条安装

根据已弹好的线位，确定打孔点，用冲击钻打孔，每隔400mm 打入木楔，然后安装木踢脚板木基层条，用气动打钉枪将螺纹钉打入固定，检查基层条与立墙的平整度和牢固度。要求接缝处宜斜坡压槎，在90°转角处做成45°斜角接槎。

（4）防腐剂刷涂

木基条需涂防腐剂及防火涂料两遍。

（5）木踢脚板粘贴安装

将带有背槽的木踢脚板在基层卡条上试装，进行必要配合，上口要平直，松紧适宜，经调试无误后，再将部件内槽上胶。要求墙体长度在3m以内的，不允许有接口，须整根安装。如果长度在3m以上，需要在工厂内做“指接”工艺处理，尽量减少现场拼接。木踢脚板阴角部位应采用45°对接；阳角部位接口现场施工有一定难度，易出现开缝现象，宜采用工厂加工好的成品阳角，与木踢脚板之间可用白乳胶粘贴，见图5-74。

图5-74　木踢脚板粘贴安装

（6）收口处理

木踢脚线与实木复合地板和强化地板交接较多，为提升地面与墙面的观感效果，多采用与地板相同材质的踢脚线，对于踢脚板与地板之间的工艺缝隙，用相似颜色的美纹胶美化修整，同时做好收口处理，详见图5-75～图5-78。

图 5-75　地板与木踢脚板收口处理

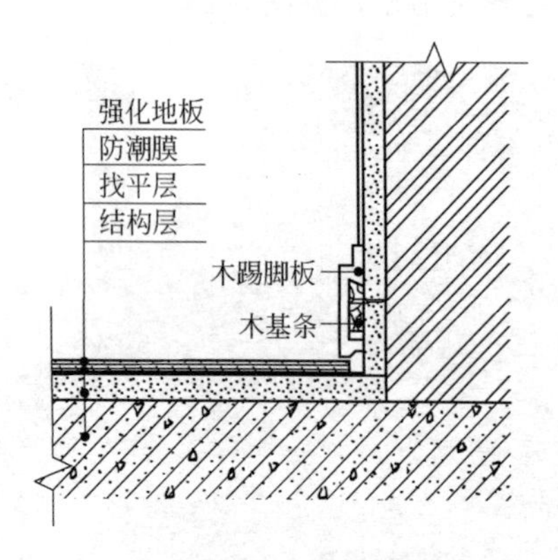

图 5-76　强化地板与木踢脚板收口节点

5.3.3.3　成品保护

① 从工厂运至施工现场的成品踢脚板，需做好表面牛皮纸盒塑料薄膜保护，以免因碰撞和摩擦损坏油漆表面。

② 木踢脚板面层靠墙粘贴完成后，可采用木龙骨固定，固定木龙骨和踢脚板中间需垫发泡薄膜，定位龙骨可以固定在未定地板的木基层上。

图5-77　木踢脚板成品效果

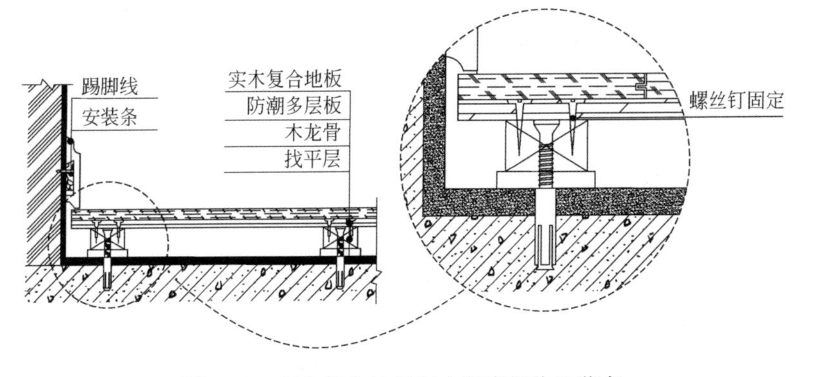

图5-78　实木复合地板与木踢脚板收口节点

5.3.3.4　注意事项

① 木踢脚板木基层条应钉牢墙角，安装牢固，不应出现翘曲或不平等情况。

② 采用气动打钉枪固定木踢脚板基层条，条上口应平整。拉通线检查时，偏差不得大于3mm，接槎平整，误差不得大于1mm。

③ 木踢脚板木基层条墙面明、阳角处宜做45°对角。斜边平整粘接接缝，不能搭接。木踢脚木基层条与地面必须垂直一致。

④ 木踢脚木基层条含水率应按工地所在地区的自然含水率为准，一般应控制在12%左右，相互胶粘接缝的材料之间含水率应接近。

5.3.4 实木复合地板及强化地板铺设质量控制和质量检验

5.3.4.1 实木复合地板及强化地板铺设质量控制

① 实木地板材料的品种、规格以及颜色和性能应符合设计要求。

② 木龙骨截面尺寸、间距和固定方法等应符合设计要求。

③ 木地板铺设方向以房间光线进入方向为铺设方向。

④ 在地板四周也就是踢脚板下面，应留有10～12mm的伸缩缝。

⑤ 地板木纹整体清晰、颜色一致，板面平整无翘曲、无松动，行走时无明显响声。

⑥ 铺设地板的侧向钉子要与面呈角度，常以45°左右斜钉入基层板。

5.3.4.2 实木复合地板及强化地板铺设质量检验

实木复合地板及强化地板铺设允许偏差和检验方法应符合表5-7的规定。

表5-7 实木复合地板及强化地板铺设允许偏差和检验方法

项目	允许偏差/mm	检验方法
板面缝隙宽度	0.5	用钢尺检查
表面平整度	2.0	用2m靠尺和楔形塞尺检查
踢脚线上口平齐	3.0	拉5m线和用钢尺检查
板面拼缝平直	3.0	
相邻板材高差	0.5	用钢尺和楔形塞尺检查
踢脚线与面层的接缝	1.0	楔形塞尺检查

5.4　配套细木制品工程

室内装饰中的配套细木制品，主要有固定的木窗帘盒、门套线、木窗台板、木门与框、木扶手及护栏等的制作与安装，它的特点同室内装饰紧密相连，反映装饰与大面的做工精细度，起到画龙点睛的作用。

5.4.1　木窗帘盒安装

5.4.1.1　主要流程

测量放线→预埋件安装及检查→制作木窗帘盒（核验加工成品）→窗帘盒（杆）安装。

5.4.1.2　操作要点

（1）测量放线

安装窗帘盒、窗帘杆，按设计图要求进行，弹好找平线，确定顶面与墙面之间的安装位置。

（2）预埋件安装及检查

窗帘盒与墙、顶固定，多数采用预埋固定件。预埋固定件的尺寸、位置及数量应符合设计要求。根据找平线位置，检查固定窗帘盒（杆）预埋固定件的位置、规格、预埋方式是否能满足安装固定的要求，对于标高、平度、中心位置、距离有误差的应采取措施进行处理，如过梁上漏放预埋件，可利用射钉枪或胀管螺栓将铁件补充固定，具体见图 5-79～图 5-81。

（3）制作木窗帘盒（核验加工成品）

木窗帘盒制作时，首先根据施工图的要求，进行选料、配料，先加工成半成品，再细致加工成型。在加工时，细木工板或多层胶合板按设计施工图要求合理下料，并刨出净面，如图 5-82 所示。需要起线时，多采用粘贴木线的方法。线条要光滑顺直、深浅一

图 5-79 预埋件安装顶面钻孔

图 5-80 预埋件安装固定

致，线型要挺括，再根据图纸进行组装。组装时，先抹胶，再用钉条钉牢，将溢胶及时擦净，如图 5-83 所示。不得有明榫，不得露钉帽。如采用金属杆作窗帘杆时，在窗帘盒两端头板上钻孔，孔径大小应与金属杆的直径一致。

木窗帘盒一般在工厂用机械加工成半成品或成品运至施工现场，再现场组装。所以要对已进场的加工部品进行检查，安装前应

图 5-81 检查预埋件安装情况

图 5-82 现场板材开料

核对品种、规格、组装构造是否符合设计及安装的要求。

(4) 窗帘盒（杆）安装

① 安装窗帘盒：先按平线确定标高，画好窗帘盒中线，安装时将窗帘盒中线对准窗口中线，盒的靠墙部位要贴严，整体固定方法要确保牢固。如做通长窗盒，可增加金属连接支架到墙边，然后再上通长窗盒。

② 安装窗帘轨：窗帘轨有单、双或三轨道之分。当窗宽大于1500mm时，窗帘轨应断开，断开处揻弯错开，揻弯应是平缓曲

图 5-83　组装窗帘盒

线，搭接长度不小于 200mm。明窗帘盒一般先安轨道，内藏式窗帘盒应后安轨道，见图 5-84。重窗帘轨道连接角件应采用加密间距，用粗纹螺钉固定。窗帘轨道安装后应保持在一条平行线上。窗帘盒隐藏了窗帘轨道，可使其与顶棚间的交接面美观，内角钢骨架加强了整体稳定性。

③ 窗帘杆安装：校正连接固定件，将杆或铁件装上，拉于固定件上，做到平、正同房间标高一致。

窗帘盒制作节点见图 5-85。窗帘盒成品效果见图 5-86 和图 5-87。

5.4.1.3　成品保护

① 安装时不得踩踏暖气片及窗台板，严禁在窗台板上敲击撞碰以防损坏。

图5-84　安装内藏式窗帘盒

② 窗帘盒安装后及时刷一道底油漆，防止抹灰、乳胶漆等湿作业时受潮变形或污染。

③ 安装窗帘及轨道时，应注意对窗帘盒的保护，避免对窗帘盒碰伤、划伤等。

5.4.2　门窗套制作与安装

5.4.2.1　主要流程

找位与划线→布木筋和检查洞口→防潮处理→木基层制作→贴实木线。

5.4.2.2　操作要点

(1) 找位与划线

门窗套安装前，墙面基层应清除浮浆砂灰，应根据设计图要求，用激光水准仪进行放样，找好标高、平面位置、竖向尺寸，进行弹线，见图5-88。

(2) 布木筋和检查洞口

弹线后确定打孔点，用冲击锤打孔，布设木筋，木筋应打实、

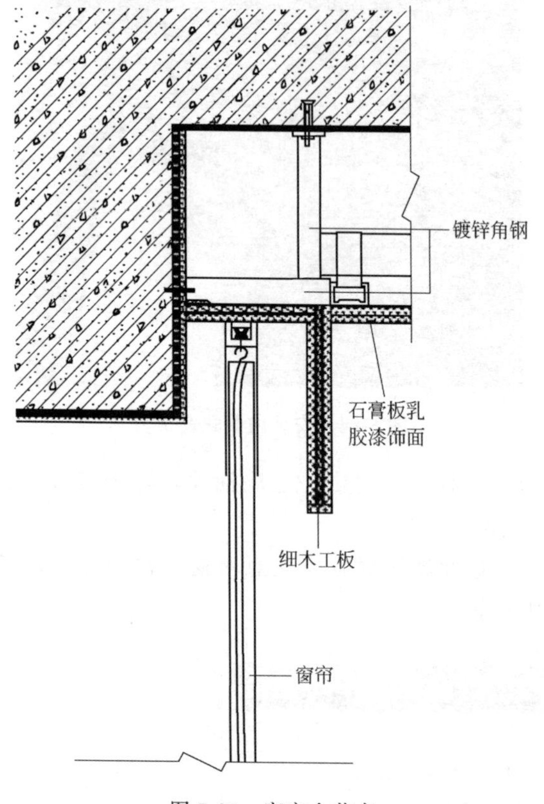

图 5-85　窗帘盒节点

打牢固，同时测量门窗及其他洞口位置、尺寸是否方正垂直，与设计要求是否相符。

（3）防潮处理

设计有防潮要求的门窗套，在钉装龙骨前要设置防潮膜。

（4）木基层制作

① 根据门窗洞口实际尺寸，先用木方制成木衬档片。一般衬档分三片，门洞上面一片，两侧各一片。每片两根立杆，当封基层板宽度大于 500mm 时，中间适当增加立杆，具体见图 5-89。

② 横撑间距根据基层板厚度决定。当面板厚度为 15mm 以上

图 5-86　窗帘盒成品效果（一）

图 5-87　窗帘盒成品效果（二）

时，撑间距不大于 400mm，横撑间距必须与木筋间距位置对应。

③ 木衬档直接用螺纹钉钉在木筋上，除黏结一面外，其他三面应进行防火涂料与防腐剂处理，具体见图 5-90 和图 5-91。

④ 校正木衬档面平整后，将细木工板、木饰面分别画出木线位，用长、短钉先后安装固定，确保横边、垂直边应平整顺直，用水平尺及时检查，具体见图 5-92。

图 5-88 激光水准仪放样

图 5-89 木衬档片制作

(5) 贴实木线

① 实木线进场后，检查规格、质量和数量，对于粗糙的经修光处理符合要求后方可使用，门窗套边线预放平直贴服后，方可进行下步工序。

② 实木贴线的宽度大于 60mm 时，其四周与抹灰墙面须接触严密，搭盖墙的宽度一般为 20mm，最少不应少于 10mm。

图 5-90　横向木衬档片用枪钉固定

图 5-91　竖向木衬档片用枪钉固定

③ 横竖贴线的线条要对正，45°割角应准确且对缝严密平整、安装牢固，具体见图 5-93。

④ 实木线的安装采用先钉门头上横向的，后钉两侧竖向的。先量出横向贴线板所需的长度，两端锯成 45°斜角，紧贴在框的上坎上，其两端伸出的长度应一致。在基面上涂上乳白胶，将蚊钉顺木纹打入板表面 1～2mm，钉长宜为板厚的两倍，钉距不大于

图 5-92 木衬档片尺寸复核

图 5-93 横向实木线锯 45°斜角

100mm，接着量出竖向贴线板长度，钉在边框上，具体见图 5-94 和图 5-95。

⑤ 贴线的厚度不能小于踢脚板的厚度，以免踢脚板冒出而影响美观。

门套安装成品效果见图 5-96。

为保持室内装饰风格的一致性与整体性，一般门套有两种方式

图 5-94　横向实木线固定

图 5-95　竖向实木线枪钉固定

呈现：一种是门套完成面与墙面齐平；另一种是门套倒角处理，具体见图 5-97～图 5-100。

造型门套成品效果见图 5-101 和图 5-102。

窗套制作节点见图 5-103，窗套成品效果见图 5-104。

图 5-96 门套成品效果局部

图 5-97 门套与墙面齐平成品效果局部

5.4.2.3 成品保护

门窗套表面要用硬纸板加木板条胶带包扎，防止周边施工造成污染和损坏，具体见图 5-105 和图 5-106。

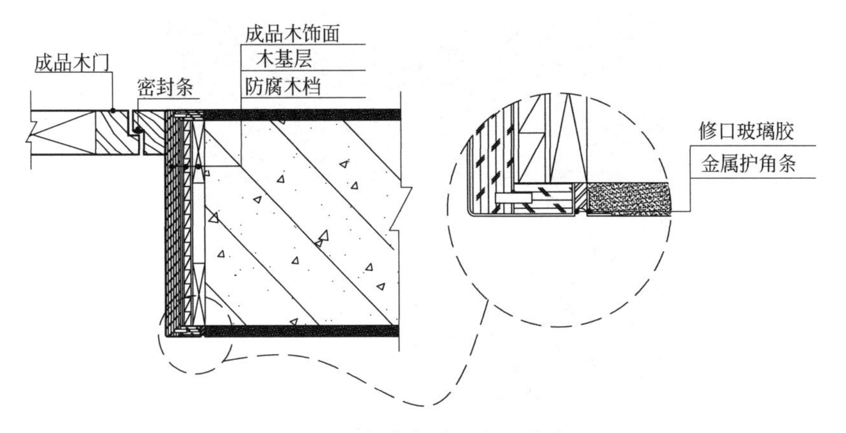

图 5-98　门套与墙面齐平节点

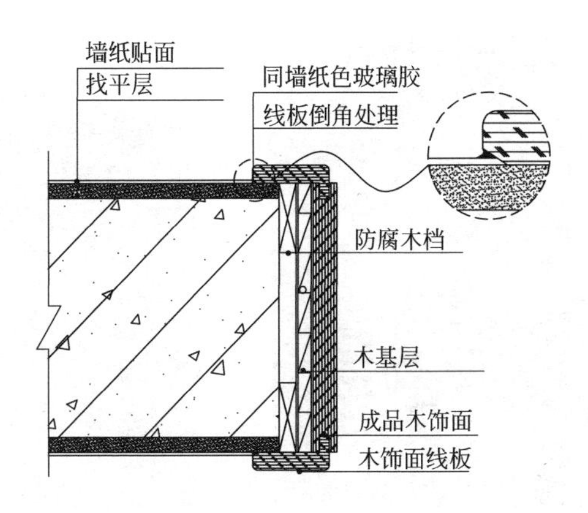

图 5-99　门套倒角处理节点

5.4.3 木窗台板制作

5.4.3.1　主要流程

测量放线→防腐木筋安装→基层木档安装→窗台板制作→线脚收口。

图 5-100　门套倒角成品效果局部

图 5-101　门套成品效果局部

5.4.3.2　操作要点

（1）测量放线

按图纸设计要求，根据墙面 1m 水平线，确定窗台板的标高和位置线。为使房间或连通窗台板的标高和纵横位置一致，安装时应将墙台面统一抄平，使标高统一。

图 5-102　造型门套成品效果局部

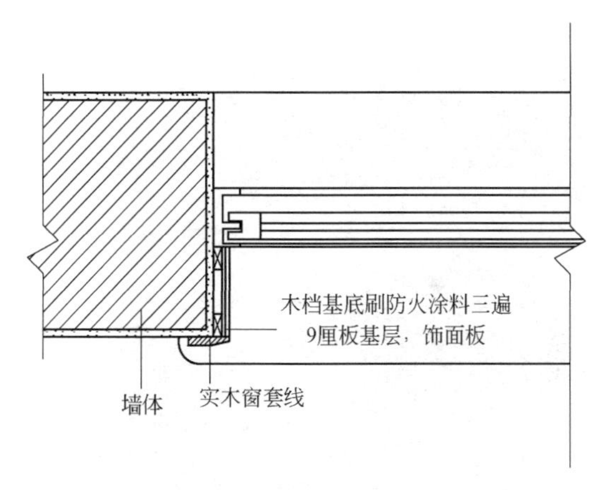

图 5-103　窗套制作节点

（2）防腐木筋安装

根据安装需要划线确定打孔位，然后用冲击锤打孔，埋入防腐木筋，检查是否符合设计与安装连接构造要求，如有误差应及时调整到位，具体见图 5-107 和图 5-108。

（3）基层木档安装

构造上需要设窗台板基础木衬档的，安装前应该对准固定木衬档的预埋件，确定位置后，用螺纹钉钉入固定，根据设计要求进行

图 5-104 窗套成品效果

图 5-105 门套转角纸板成品保护

安装。并再次核对标高，在同一房间内确保多个窗台呈水平并标高一致，具体见图 5-109 和图 5-110。

（4）窗台板制作

窗台板的形状、构造尺寸应按施工图进行，其厚度净尺寸在33～38mm 之间，两端伸出一致，比待安装的窗长 240mm，板宽视窗口实际深度离墙突出 40～60mm 为宜。在木衬板涂饰乳白胶

图 5-106　门套包薄膜成品保护

图 5-107　冲击锤打孔

后铺设细木工板基面，并用枪钉固定；检查绝对板面平整后，再上乳白胶，安装木饰面胶合板，用细蚊钉固定，具体见图 5-111 和图 5-112。

（5）线脚收口

将窗台板断面修正一致，并使突出墙面的尺寸也保持一致，上乳白胶后用蚊钉安装实木线脚，并用细砂磨光处理，见图 5-113。

图 5-108　埋入防腐木筋

图 5-109　长条基础木衬档安装

木窗台板制作节点见图 5-114，木窗台板成品效果局部见图 5-115。

5.4.3.3　成品保护

① 施工过程中，应及时关闭好窗户，避免风雨、受潮变形。

② 木窗台板白坯制作完成后，要有塑料薄膜覆盖等保护措施，

图 5-110 短条基础木衬档安装

图 5-111 窗台板制作

以防油渍污染。

5.4.4 装饰木门与框制作安装

5.4.4.1 主要流程

门框定位→门框扇制作→门框安装→门扇安装→小五金安装。

图 5-112 窗台板制作安装到位

图 5-113 线脚收口

5.4.4.2 操作要点

(1) 门框定位

按图纸上的位置进行门洞口弹线，结合实际确定基础木架尺寸，根据门的高度布设木筋数量。

(2) 门框扇制作

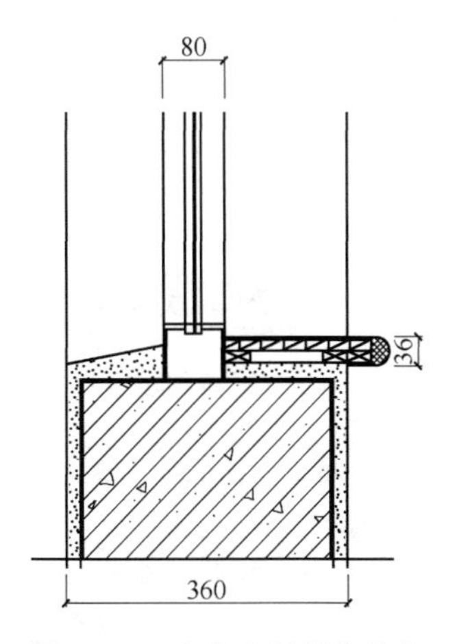

图 5-114　木窗台板制作节点

图 5-115　木窗台板成品效果局部

① 对于实木门框、门扇的榫槽应严密结合，以胶接合加榫结合方式；对易受潮的木门，采用耐水或半耐水胶。两者都要求胶料饱满、榫槽正确、宽紧适度。木榫宽度不应大于榫眼，应顺木纹楔紧，不得偏斜，以免槽眼开裂。门框及厚度大于 50mm 的门扇应采用双榫连接。

② 对于胶合板门框、门扇的制作，板面与骨架之间应加压，

应满涂胶水，胶合必须牢固，四边做好木封边处理，不允许有脱胶现象。一般对于木门的要求是骨架横楞和上、下冒头各钻两个以上的透气孔，以防门受潮脱胶、变形，具体见图 5-116 和图 5-117。

图 5-116　门扇制作

图 5-117　门扇制作完成现场堆放

部分门框、门扇工厂化生产成成品，运至现场组装，缩短工期、施工方便。施工现场编码堆放，方便取材，如图 5-118 和图 5-119所示。

图 5-118　成品门框打包运至现场

图 5-119　编码门框拆包堆放

③ 先将门框试装于预留洞口中，墙面四边用木楔临时塞住，见图 5-120 和图 5-121。用线锤水平和靠尺校正门框的水平度和垂直度。

（3）门框安装

① 安装时应按设计图纸要求的水平标高和平面位置，按其开启方向，对应编码安放。门框背面刷防潮漆或贴防潮纸。

图 5-120　门框试装于洞口

图 5-121　门套试装嵌入门框

② 在砌体预留木砖时，每边固定点应不少于三处，用木楔将框临时固定在门洞内后，将门框用大头扁钉用力钉在木砖上，钉帽凹入 1～2mm。

③ 砌体未留木砖时，用 12mm 钻的电锤打孔，埋入防腐木筋，用木楔将框临时固定在门洞后，用射钉枪或钢钉钉牢。对于墙间空隙应打泡沫胶加以填充固定，最后修正边面，按结构要求嵌装木门

套。用线锤水平和靠尺校正门框的水平度和垂直度。应考虑抹灰层厚度，修补缝隙至抹灰外皮平。门框安装见图 5-122～图 5-125。

图 5-122　安装门框

图 5-123　嵌装木门套

（4）门扇安装

① 确定开启方向、安装位置及使用的小五金。

② 检查门口高度和宽度，用尺度量框内上、中、下尺寸，对应画在门扇上，修刨后先塞入框内校对，如不合适再画线进行修刨

图 5-124　安装门框装饰板

图 5-125　水平尺校正门框

直至合适为止，具体见图 5-126。

（5）小五金安装

① 合页铰距门上、下端为立梃高度的 1/10，并避开上、下冒头，安装后应开关灵活，具体见图 5-127。

② 小五金均应用木螺丝固定，先用锤打入 1/3 深度，拧入 2/3，然后拧紧。采用硬木时，先钻 2/3 深度的孔，孔径为木螺丝

图 5-126　门扇安装

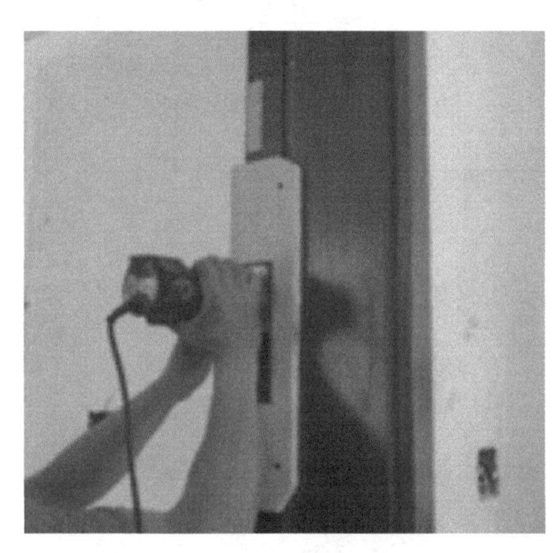

图 5-127　安装五金件

直径的 0.9 倍，以防安装时劈裂或螺丝拧断。

③ 不得在中冒头与立梃的结合处安装门锁。

④ 门拉手位于门高度中点以下，门拉手距地面 0.9m。

装饰木门与框制作节点见图 5-128，成品装饰木门见图 5-129。

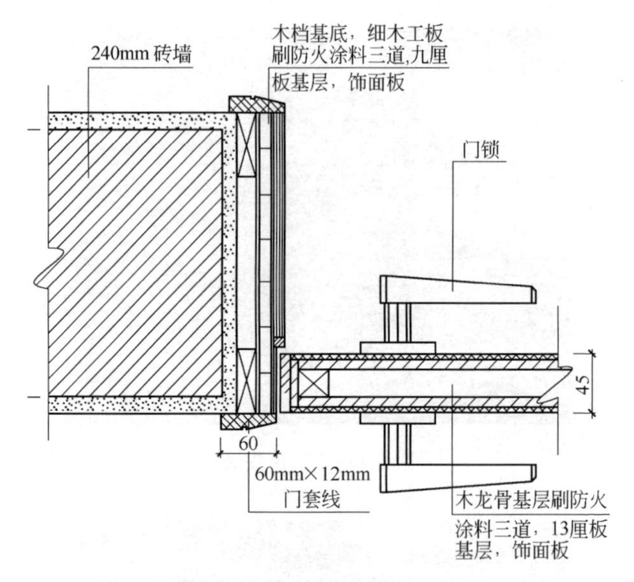

图 5-128 装饰木门与框制作节点

图 5-129 装饰木门成品效果

5.4.4.3 成品保护

① 门扇安装前，室内存放应加垫木，以防止产品受潮变形。

② 整修门扇时不得硬撬，避免损坏五金。

③ 安装后应用塑料薄膜保护，避免划伤、重物撞击，严禁脏物污染，具体见图5-130。

图5-130 装饰木门成品保护

5.4.5 实木花格扇制作

5.4.5.1 主要流程

配料→制材→划线→凿眼→开榫→拼装。

5.4.5.2 操作要点

(1) 配料

按设计图纸要求选择符合要求的硬木制作，材质无节疤、无虫蛀，以直纹为主，主材含水率在12%以下。先配长料，后配短料；配料应考虑先配外框料，后配内花格料；先配大面板材，后配小面块板材。对于取料中要注意：断面尺寸和长度方向，尺寸略放大一些加工余量，具体见图5-131。

(2) 制材

将毛料刨平、刨光，并用专用刨刨出表面装饰线。刨料时，不

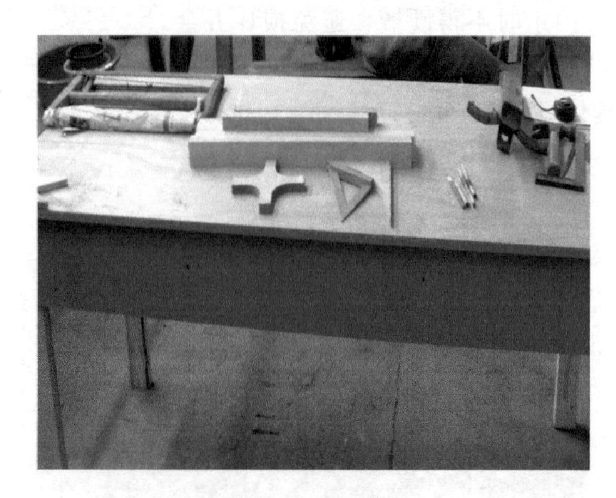

图 5-131 配料

论用手工制作还是用机械刨均应顺木纹刨削，这样刨出的刨面才光滑。刨削时先刨大面，后刨小面。刨好的料，其断面形状、尺寸均应符合设计净尺寸的要求，如图 5-132 所示。

图 5-132 制材

(3) 划线

划线是关键项。复杂的实木花格扇（冰花窗扇），挡料多、角度多，应先画 1∶1 放样图，对照划线，并对料进行编号。根据构造要求，划出榫、眼线。榫结合的形式很多，可选用双肩斜角明榫、单肩斜角开口不贯通双榫、贯通榫、夹角插肩榫等。

首先检查加工件的规格、数量，并根据各工件的纹理与节疤等因素确定其内外面，并做好记号；然后画基准线，依基准线来，用尺度量画出所需的总长尺寸或榫肩线，完成其他所对应的榫眼线。画出一面后，用直角尺把线引向侧面。画线后应将空格相等的料颠倒并列进行校正，检查线条和空格是否准确相符，如有差别立即纠正。

（4）凿眼

凿榫眼时，选择与眼的宽度相等的凿子。应将工作面的榫眼两端处保留划出的线条，在背面可凿去线条，但不可使榫眼口偏离线条。榫眼的长度要比榫头短 1mm 左右为宜，榫头插入榫眼时木纤维受力压缩后，将榫头挤压紧固。榫头榫眼配合不能太紧，也不能太松，让顺木纹挤压一些，而不能让横木纹过紧，榫眼的横木纹横向挤压力过大会使榫眼裂缝。

（5）开榫

按料的纵向锯开，锯到榫的根部时，要把锯立起来锯几下，但不过线。开榫时要留半线，掌握半榫长为木料宽度的 1/2，应比半眼深少 1～2mm。锯好的半榫应比眼稍大。组装前四面倒棱，抹上胶用锤打入才不易松动，具体见图 5-133。

图 5-133　开榫

（6）拼装

将制作好的木花格的各个挡料按序拼装，复杂的冰花扇在拼装中，应对应 1∶1 大样图编号，对号入座，并成为木花格的整体。拼装好的木花格应用细刨修饰平整，并用细砂纸打磨一遍，使其表面光滑。配置好的木花格窗，经修饰整理后，可以直接安装到已做成的洞口。连接方式应采用镀锌金属连接件或不锈钢连接件固定，要求螺钉等金属紧固件不得外露，如图 5-134 所示。

图 5-134 拼装

实木花格扇的制作节点图见图 5-135 和图 5-136，实木花格扇的成品效果见图 5-137 和图 5-138。

5.4.5.3 成品保护

① 拼装好的木花格，应刷一遍底油，防止受潮变形。

② 对安装好的木花格应用塑料膜保护。

5.4.6 木扶手及护栏制作安装

5.4.6.1 主要流程

测量放线→配料→安装护栏→半成品加工、拼接组合→安装。

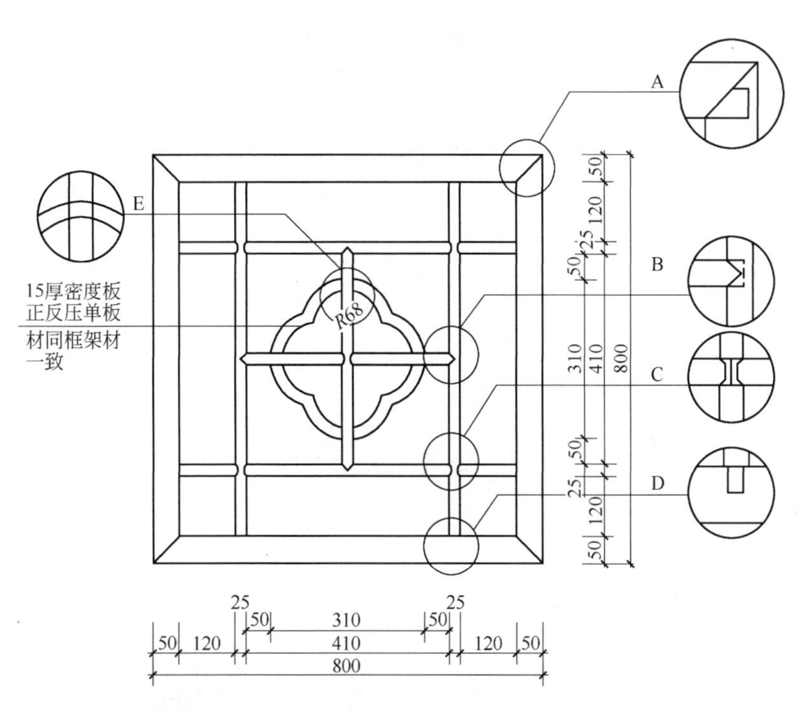

图 5-135　实木花格扇的制作节点图

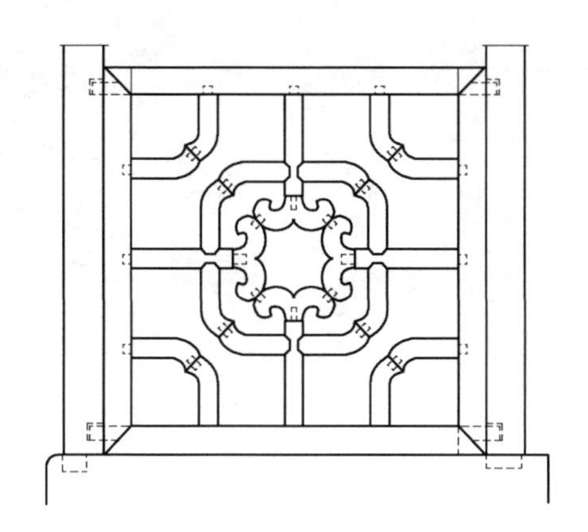

图 5-136　实木花格扇的局部制作图

图 5-137 实木花格扇的成品效果

图 5-138 实木花格扇局部效果

5.4.6.2 操作要点

(1) 测量放线

根据栏杆与木扶手设计的标高、坡度，找位弹出扶手纵向中心线；按扶手构造，折弯位置、角度，划出折弯或割角线。划出扶手直线段与弯折弯段的起点和终点的位置。

（2）配料

按设计要求可选用木扶手成品材，并进行护栏与木扶手弯头的备料和配料。

（3）安装护栏

在地面用冲击钻打孔，预埋固定件，根据设计要求确定护栏高度、栏杆间距、安装位置和连接方法，正确与预埋件焊接。护栏安装必须牢固，采用金属膨胀螺栓连接，基层混凝土不得有疏松现象，具体见图5-139～图5-141。

图5-139　地面打孔

（4）半成品加工、拼接组合

扶手的各部位尺寸，按设计要求以及现场实际情况，就地放样制作。木扶手具体形式和尺寸应符合设计要求。扶手底部开槽深度一般为3～4mm，宽度依所用扁钢的尺寸，但不得超过40mm。在扁钢上每隔300mm钻扶手安装孔，用螺钉固定。

（5）安装

① 木扶手安装。安装木扶手应由下向上进行。首先按照栏杆斜度配好起步弯头，再接扶手，其高低应符合设计要求，见图5-142。

图 5-140 安装固定件

图 5-141 安装护栏

扶手与弯头的接头应做暗榫或用铁件锚固，并用胶黏结。木扶手的宽度或厚度超过 70mm 时，其接头必须用暗榫，并用木工乳胶黏结。木扶手与金属栏杆连接一般用 32mm 长木螺钉固定，间距不得大于 300mm。金属栏杆下固定的扶手木螺钉，安装时必须平整，螺钉肩不要露出面。遇到扶手是硬木的，可先钻孔，孔径略小于螺钉直径，后拧入木螺钉，见图 5-143。当木扶手高度大于 150mm 时，应用螺栓或铁件与栏杆固定，铁件及螺帽不得外露。

图 5-142　木扶手预装

图 5-143　木扶手安装固定

接头使用胶粘时，环境温度不得低于 5℃。

扶手末端与墙、柱连接方法常见有两种：一种是将扶手底部通长扁钢与墙柱内的预埋件焊接；另一种方法是将通长扁钢的端部做成燕尾形，伸入墙柱的预留孔内，用 C20 混凝土填实。

扶手安装完毕，接头处必须用细刨、细木锉、手提砂光机等做修整处理，以达到外观平直和顺之要求。

② 安全玻璃护栏安装。栏板玻璃的块与块之间，宜留出 8mm

的间隙，间隙内注入密封胶。栏板玻璃与金属栏杆、金属立柱及基座饰面等相交的缝隙处，均应注入密封胶。

安全玻璃护栏底座固定玻璃的方法：多采用角钢焊成的连接固定件，可以使用两条角钢，也可只用一条角钢。底座部位设两角钢留出间隙以安装固定玻璃，间隙的宽度为玻璃的厚度再加上每侧3～5mm的填缝间距。固定玻璃的铁件高度不宜小于100mm，铁件的布置中距不宜大于450mm。栏板底座固定铁件只在一侧设角钢，另一侧则是采用钢板。安装玻璃时，利用螺丝加橡胶垫或利用填充料将玻璃挤紧。玻璃的下部不得直接落在金属板上，应使用氯丁橡胶将其垫起。玻璃两侧的间隙也用橡胶条塞紧，缝隙外边注胶密封。

木扶手成品效果见图5-144和图5-145。

图5-144　木扶手成品效果（一）

5.4.6.3　成品保护

① 安装好的玻璃护栏应在玻璃表面涂刷醒目的图案和警示标识，以免因不注意而碰撞玻璃护栏。

② 安装好的木扶手应用泡沫塑料等柔软物包好、裹严，防止破坏、划伤表面。

图5-145　木扶手成品效果（二）

③ 禁止以玻璃护栏及扶手作为支架，不允许攀登玻璃护栏及扶手。

5.4.7　配套细木制品工程质量控制和质量检验

5.4.7.1　木窗帘盒安装及木窗台板制作质量控制

① 窗帘盒的造型、规格、尺寸、安装位置和固定方法必须符合设计要求。

② 木窗帘盒制品材质规格、含水率和防火、防腐处理必须符合设计要求。

③ 木窗帘盒及窗帘轨安装必须牢固，无松动现象。

④ 制作尺寸正确，表面平直光滑，棱角方正，线条顺直，无锤印等缺陷。

⑤ 安装位置正确，两端伸入尺寸一致，接缝严密，轨道及杆平直。

5.4.7.2　木窗帘盒安装质量检验方法

木窗帘盒安装及木窗台板制作的允许偏差和检验方法应符合

表5-8的规定。

表5-8 木窗帘盒安装及木窗台板制作的允许偏差和检验方法

项 目	允许偏差/mm	检验方法
水平度	2	用1m水平尺和塞尺检查
上口、下口直线度	3	拉5m线,不足5m拉通线,用钢直尺检查
两端距窗洞口长度差	2	用钢直尺检查
两端出墙厚度差	3	用钢直尺检查

5.4.7.3 门窗套制作质量控制

① 木门窗套制作安装所用木材燃烧性能等级和含水率应符合现行国家标准要求。

② 门窗套的造型、尺寸和固定方法应符合设计要求。

③ 对于有防潮要求的门窗套，内基层必须做防潮层的施工。

④ 严格控制平整度、垂直度以及表面牢固等。

⑤ 表面应线条顺直、接缝严密、色泽一致，不得有裂缝及损坏。

5.4.7.4 门窗套制作质量检验方法

门窗套制作的允许偏差和检验方法应符合表5-9的规定。

表5-9 木门窗套制作的允许偏差和检验方法

项 目	允许偏差/mm	检验方法
正、侧面垂直度	3	用1m垂直检测尺检查
门窗套上口水平度	1	用1m水平检测尺和塞尺检查
门窗套上口直线度	3	拉5m线,不足5m拉通线,用钢直尺检查

5.4.7.5 装饰木门与框制作安装质量控制

① 木门与框的材料品种、材质等级、规格、尺寸、人造木板

的甲醛含量应符合设计要求。

② 木门与框要求做好防火、防腐、防虫处理。

③ 木门与框的安装必须牢固，木门上的槽孔应边缘整齐、无毛刺。

④ 木门扇必须安装牢固，并应开关灵活、顺直严密、无回弹倒翘现象。

⑤ 木框与墙体间缝隙的填嵌应饱满。门扇与门套四周的缝隙应均匀一致，压缝条安装顺直。

⑥ 木门与框的表面平整、洁净，不得有刨痕、锤印、划痕、损伤、毛刺。

5.4.7.6　装饰木门与框制作安装质量检验

木门窗制作的允许偏差和检验方法应符合表 5-10 的规定，木门窗安装的留缝限值、允许偏差和检验方法应符合表 5-11 的规定。

表 5-10　木门窗制作的允许偏差和检验方法

项目	构件名称	允许偏差/mm		检验方法
		普通	高级	
翘曲	框	3	2	将框、扇平放在检查平台上，用塞尺检查
	扇	2	2	
对角线长度差	框、扇	3	2	用钢尺检查，框量裁口里角，扇量外角
表面平整度	扇	2	2	用 1m 靠尺和塞尺检查
高度、宽度	框	0；−2	0；−1	用钢尺检查，框量裁口里角，扇量外角
	扇	+2；0	+1；0	
裁口、线条结合处高低差	框、扇	1	0.5	用钢直尺和塞尺检查
相邻棂子两端间距	扇	2	1	用钢直尺检查

表 5-11 木门窗安装的留缝限值、允许偏差和检验方法

<table>
<tr><th colspan="2" rowspan="2">项目</th><th colspan="2">留缝限制
/mm</th><th colspan="2">允许偏差
/mm</th><th rowspan="2">检验方法</th></tr>
<tr><th>普通</th><th>高级</th><th>普通</th><th>高级</th></tr>
<tr><td colspan="2">门窗槽口对角线长度差</td><td>—</td><td>—</td><td>3</td><td>2</td><td>用钢尺检查</td></tr>
<tr><td colspan="2">门窗框的正、侧面垂直度</td><td>—</td><td>—</td><td>2</td><td>1</td><td>用 1m 垂直检测尺检查</td></tr>
<tr><td colspan="2">框与扇、扇与扇接缝高度差</td><td>—</td><td>—</td><td>2</td><td>1</td><td>用钢直尺和塞尺检查</td></tr>
<tr><td colspan="2">门窗扇对口缝</td><td>1～2.5</td><td>1.5～2</td><td>—</td><td>—</td><td rowspan="3">用塞尺检查</td></tr>
<tr><td colspan="2">工业厂房双扇大门对口缝</td><td>2～5</td><td>—</td><td>—</td><td>—</td></tr>
<tr><td colspan="2">门窗扇与上框间留缝</td><td>1～2</td><td>1～1.5</td><td>—</td><td>—</td></tr>
<tr><td colspan="2">门窗扇与侧框间留缝</td><td>1～2.5</td><td>1～1.5</td><td>—</td><td>—</td><td rowspan="3">用塞尺检查</td></tr>
<tr><td colspan="2">窗扇与下框间留缝</td><td>2～3</td><td>2～2.5</td><td>—</td><td>—</td></tr>
<tr><td colspan="2">门扇与下框间留缝</td><td>3～5</td><td>3～4</td><td>—</td><td>—</td></tr>
<tr><td colspan="2">双层门窗内外框间距</td><td>—</td><td>—</td><td>4</td><td>3</td><td>用钢直尺检查</td></tr>
<tr><td rowspan="4">无下框时门扇与地面间留缝</td><td>外门</td><td>4～7</td><td>5～6</td><td>—</td><td>—</td><td rowspan="4">用塞尺检查</td></tr>
<tr><td>内门</td><td>5～8</td><td>6～7</td><td>—</td><td>—</td></tr>
<tr><td>卫生间门</td><td>8～12</td><td>8～10</td><td>—</td><td>—</td></tr>
<tr><td>厂房大门</td><td>10～20</td><td>—</td><td>—</td><td>—</td></tr>
</table>

5.4.7.7 实木花格窗质量控制

① 所选用的材质应符合设计要求，含水率应控制在12%以下，对于本色木花格窗，用的材质应注意选择色泽和木纹，力求一致。

② 表面应光滑、平直，不得有刨痕、毛刺和锤印。

③ 框内各线档之间接头和阴阳角应衔接严密。

④ 木花格制成后，如固定的砌体、抹灰层接触处应做防腐处理，如活动的五金安装要可靠、开启应灵活。

⑤ 对于硬木，应先钻 2/3 深的孔，孔径为木螺钉的 0.9 倍，然后再拧入木螺钉。

5.4.7.8　实木花格窗质量检验

实木花格窗制作的允许偏差和检验方法应符合表 5-12 的规定。

表 5-12　实木花格窗制作的允许偏差和检验方法

项目	构件名称	允许偏差/mm		检验方法
		普通	高级	
翘曲	框	3	2	将框、扇平放在检查平台上，用塞尺检查
	扇	2	2	
对角线长度差	框、扇	3	2	用钢尺检查，框量裁口里角，扇量外角
表面平整度	扇	2	2	用 1m 靠尺和塞尺检查
高度、宽度	框	0;－2	0;－1	用钢尺检查，框量裁口里角，扇量外角
	扇	＋2;0	＋1;0	
裁口、线条结合处高低差	框、扇	1	0.5	用钢直尺和塞尺检查
相邻棂子两端间距	扇	2	1	用钢直尺检查

5.4.7.9　木扶手及护栏制作安装质量控制

① 护栏和扶手制作与安装所使用材料的材质、规格、数量和木材的燃烧性能等级应符合设计要求。

② 护栏和扶手安装预埋件的数量、规格、位置以及护栏与预埋件的连接节点应符合设计要求。

③ 护栏高度、栏杆间距、安装位置必须符合设计要求，护栏安装必须牢固。护栏距楼面高度不小于 1050mm，扶手距踏步面外口高度不小于 900mm。

④ 护栏和木扶手弯头加工成形，弯曲自然，表面应光滑，色泽应一致，不得有裂缝、翘曲。

⑤ 护栏垂直杆件与预埋件连接节点应牢固、垂直，如焊接，则表面应打磨抛光。

⑥ 玻璃栏杆应使用钢化夹层玻璃或安全玻璃，厚度不小

于12mm。

5.4.7.10 木护栏及扶手制作安装质量检验方法

木护栏和扶手安装的允许偏差和检验方法应符合表5-13的规定。

表5-13 木护栏和扶手安装的允许偏差和检验方法

项目	允许偏差/mm	检验方法
护栏垂直度	3	用1m垂直检测尺检查
栏杆间距	3	用钢尺检查
扶手直线度	4	拉通线、用钢尺检查
扶手高度	3	用钢尺检查

5.5 固定壁式家具制作

当前装饰施工中对于固定壁式家具来说，主要是柜和台为主，其特点与活动家具有区别，它的制作要求是体现装饰风格，并与墙体密切相连较好地融为一体。固定壁式衣柜和组合柜如图5-146和图5-147所示。固定壁式家具制作分现场制作和工厂化部件预制加工现场组装两种。制作特点是以板块结合，以枪钉、五金件连接固定。

5.5.1 现场制作

5.5.1.1 工艺流程

取料与配料→画线与刨料→板件与连接→整体组装→收边和装饰。

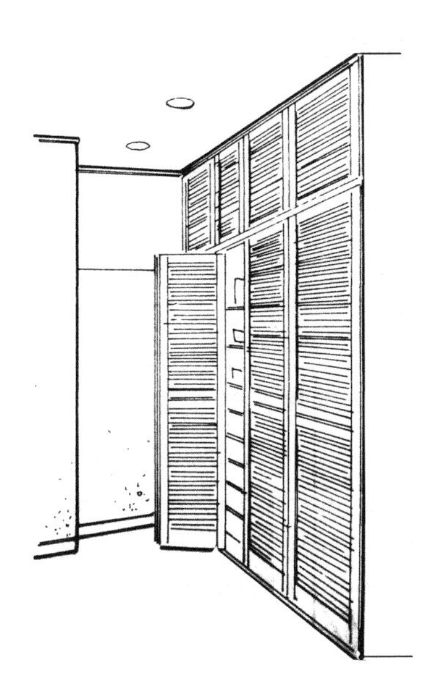

图 5-146　固定壁式衣柜

图 5-147　固定壁式组合柜

5.5.1.2 操作要点

（1）取料与配料

① 取料根据固定壁式家具的施工图进行配置，结合图中的规格尺寸、结构做法，列出详细材料清单，如所需的木方档料和板材类，细木工板、多层板、饰面夹板的数量和材种的要求。

② 木方档料适用于骨架为主，应选择木质较好、无腐朽、无弯曲的干燥材料，一般以东北的白松和樟子松为好。

③ 板材类分为板块结构，用 9mm、15mm、18mm 厚细木工板、多层板，作面材用的贴木饰面的多层板往往在 18mm 厚左右，贴木饰面薄夹板往往在 3mm 以内。经木饰面处理的厚夹板和薄夹板在选择材料时要求是不脱胶、不开裂的板材，并注意内芯材料以不变形的柳安芯单板为好，饰面板应选择木纹美观、顺畅、色调一致、无结疤点的板材。

④ 在做固定壁式家具中，同板材配套的以高档的实木材料为好，这些材料往往作为修边，封边和作框式造型用。在选料时应选择木质顺直、无腐朽，并经脱脂干燥处理过的好材料。

⑤ 根据设计要求选择五金连接件，如组合件、拉手、铰链、滑轨等，如图 5-148～图 5-150 所示。

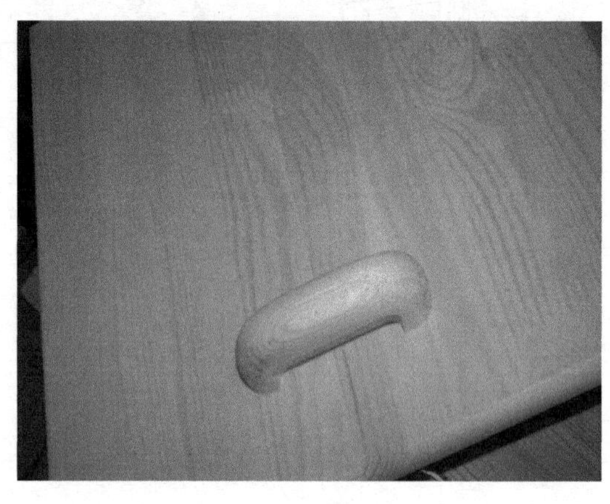

图 5-148 实木拉手

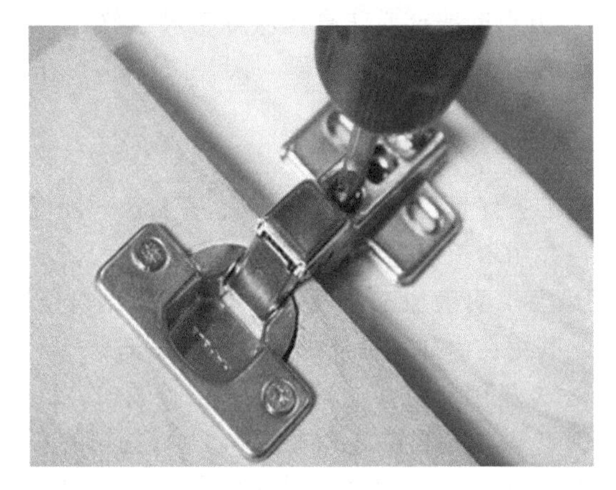

图 5-149　安装铰链

图 5-150　安装滑轨

⑥ 配料应结合墙面、墙角固定装饰结构进行，以合理套裁为目的，分为板材开料和木方取料两个需求。取板材时要考虑基本板幅尺寸在 1200mm × 2400mm 之间，宽度尽量取套 600mm、450mm、300mm 模数，做到先取大面积板材，后取小面积板材，先取长板材，后取短板材。取木方料时要先考虑先取长料、宽料，后取短料、窄料，先取大料，后取小料，做到物尽其用，杜绝取料浪费。

⑦ 对于木方料的取材要注意长度方向尺寸放长 30～50mm 裁取，留有一定的加工余量。裁面宽、厚尺寸放大 3～5mm，以便刨削加工。

（2）画线与刨料

画线前应准备好量尺如卷尺、直尺、直角尺、圆规、活络角尺及划线台等，并用木工铅笔画线。

① 按图纸要求明确加工件规格、数量，并结合所取料面的质量因素，确定其用在内部还是外部，做好表面记号。

② 对于木方料刨料时，先识别木纹是否顺向。用手提机械或手工工具刨削，基本是顺木纹方向进行，这样刨出的木料面显得光滑，也省力不损刀片。为做好木方料的基准面，一般先把两个相邻的面刨成 90°，如图 5-151 所示。

图 5-151　板材修边

③ 对于大板板材画线前，须一面是平直的，以它作为基准面。

④ 画线中可将两根或两块对应的材料，拼合一起进行同步画线，将一面画好后，可用角尺把线条引向侧面。

（3）板件与连接

固定壁式家具连接方法很多，除必要的框架结构用榫眼连接外，主要部件之间材料以人造板材为主，分别采用固定结构连接及拆装结构连接。

① 固定结构连接。安装后不再拆装并固定于一面墙或作入墙式结构。通常连接采用木螺钉、角向连接件、圆木榫和圆钢钉等连接，见图5-152和图5-153。

图5-152 敲圆木榫

图5-153 圆木榫固定

② 拆装结构连接。板块之间的连接常采用一些专用五金连接件，如空心套装螺丝、偏心连接件、圆柱对接连接件及三眼板连接件等。连接的方法需埋入板块的端部，要求板有足够的厚度和强

度，如图 5-154 和图 5-155 所示。

图 5-154 板材钻孔

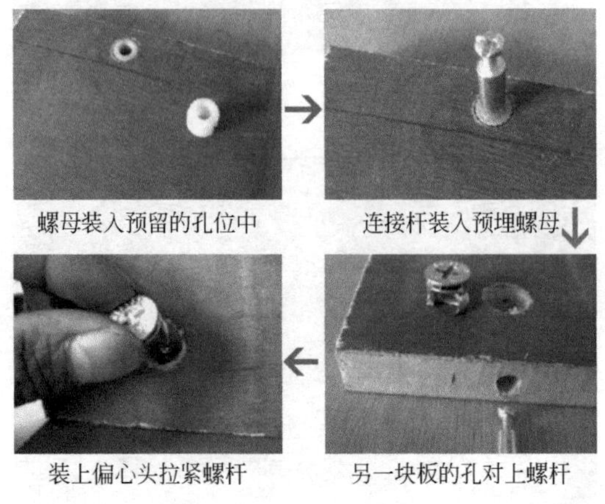

图 5-155 偏心连接件安装

（4）整体组装

① 装配之前，应对各种结构板件仔细核对尺寸，将边面用细刨修正一次，需要埋设连接件的按要求布置到位，对应板面做好打孔连接，然后按顺序逐块进行组装。在装配过程中，要注意部件之间的正反面、搭接的平整度，如图 5-156 所示。

图 5-156　固定壁式家具整体组装

板件之间固定连接部位需涂胶，要把握涂胶的均匀性，及时将装配中挤出的胶液擦除。装配时板件之间结合捶打时，应将捶打部位垫上木块，避免损坏板面表面。

② 木结构框式装配。先装两侧面框，然后装底面框和顶面框，最后将四个面框组装起来。

以榫结构钉接式组装后，要保证架体的方正度、垂直度和水平度，符合要求后方可上后背板定位。

③ 板式框架装配。先把横向板与直向两侧板连接，连接完成后，核对框架的方正度，然后再装顶面板和底面板，符合要求最后安装背板如图 5-157～图 5-159 所示。

④ 正面的柜面门扇的结构做法。通常根据使用要求有实木框架式门扇、内架双包板式门扇和细木芯夹板式门扇等。

实木框架式门扇具体结构是以木档经榫与眼结合成框的形式，

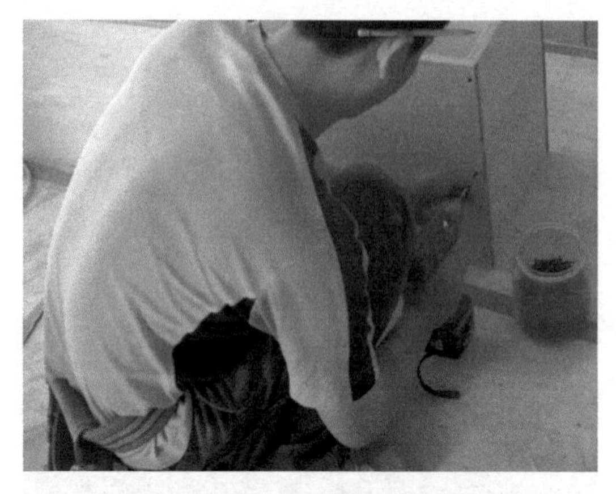

图 5-157 板式框架装顶板

图 5-158 板式框架装底面板

中间装有面板，分有两种：一是由木档刨出企口槽，使组成木框架后内周带有企口槽，把规格实木板装入槽内；二是由木档刨出边槽，组合的框架内有周边槽，将木饰面多层板钉接在槽上，再以实木线压边的工艺。内架双包板式门扇是将规格档料组合成架后，使框架作为内芯材，双面压上木饰面夹板，四边按尺寸要求刨平后用薄木粘贴封边或实木线封边。细木板式门扇的做法：常规是将15mm厚细木工板作为芯材，双面压上贴面夹板，四边按尺寸要求

图 5-159 板式框架装后背板

进行薄木粘贴封边或实木线封边。一般门扇高于 1m 以上的，用作芯材的细木板要做正反面锯槽卸应力处理，以避免成品门产生翘曲变形。

⑤ 层板或搁板起到柜内分隔的作用，考虑承重的要求，安装分固定式和活动式。固定式以钉结合胶的方式将搁板固定在柜内的横档料上；活动式将厚木板或多层厚夹板放在内层套装定位件上，并可按需要调整层板的间隔，如图 5-160 所示。

⑥ 抽屉基本结构采用面板、两侧板、后板加底板组合而成，整个抽屉成品要求外形的宽应小于面板 5mm，高小于 10mm，主要使抽拉方便。抽板之间的结合往往采用马牙榫和钉接加涂胶的方法加以固定，而抽屉底板侧由面板、侧板、后板装配后，从后板下边推入侧板和面板的槽内，最后在后背下钉接固定具体见图 5-161 和图 5-162。

抽屉的滑道有三种形式，分别为导轨式、底托抽拉式和挂条抽拉式。导轨式是在抽屉侧板安装导轨，柜的立板上安装滑轮槽条，对准后推入配合，这种最为常见，见图 5-163。底托抽拉式和挂条抽拉式主要是采用滑道木方条安装在柜的立板即抽屉下面，或抽板侧向开槽方式，作相应进出推拉。

图 5-160　侧板打隔板钉孔

图 5-161　抽屉榫接连接

⑦ 柜顶与底脚的装配。柜顶一般采用造型线胶粘加钉接的方法加以固定，有些木质较硬的造型线需根据钉的直径做钻钉眼处理，避免钉接时木质开裂现象。

为使柜体底脚基本与装饰面一致，往往采用包脚形式较多，有旁板落地式和支座装配式两种：一是在组装柜体板块时，旁脚着地，底板撑起连前后挡板一起组装完成；二是独立预先完成支座脚后与整个柜体进行连接固定。

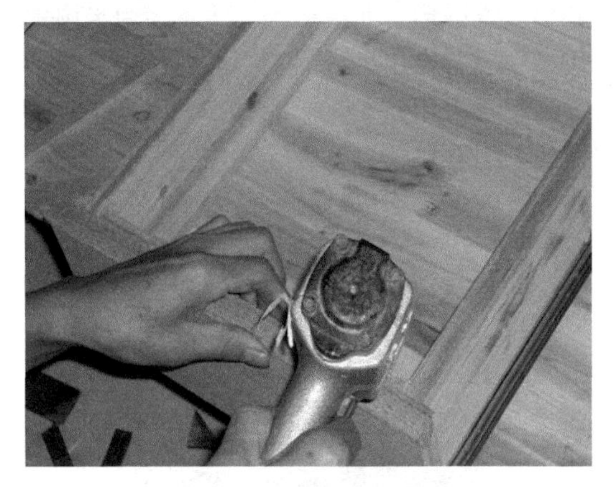

图5-162　抽屉枪钉连接

图5-163　抽屉三节导轨

(5) 收边和装饰

固定壁式家具用线条收口装饰是重要一关，能与室内装饰风格统一起到协调作用。常用表现方法如下。

① 线条收口。主要是用于柜体的顶面边、旁板边，底板边用木线条进行粘贴横向或纵向装饰，线条选择必须与室内木装饰协调，以达到完美统一。

② 线条装饰。主要用于门扇上和抽屉上，为了达到效果，表

现的线框有方形、方圆形、曲线形等。线条多为半圆木线、方木线及角木线。线条一般有专用机械加工，成品顺直、挺括、精细。固定木线条的方法主要采用胶粘贴，并加少量枪钉或无头圆钉加固，如线条有凹槽的，则顺槽缝钉入为宜。

固定壁式家具现场制作成品效果见图 5-164 和图 5-165。

图 5-164 固定壁式家具现场制作成品效果（一）

5.5.2 工厂化预制加工组装

固定壁式家具的安装是根据装饰施工图的要求，由装饰施工项目部技术人员与工厂设计人员确定最终柜体外形尺寸，决定板块结构详图，实现工厂化预制生产。部件按要求选用以刨花板为芯材，三聚氰胺贴面或以刨花板为芯材，薄木贴面为板材，根据柜体部件所要求加工锯裁成各种尺寸，以上经过同色 PVC 封边和薄木封边工序，并经过切铣、打孔、砂光等多道工序加工而成。

实现工厂化加工柜体，这些成品的部件部品，由工厂或工地的高水平专业木工安装完成。有的部件外表门面采用钛合金框架

图5-165　固定壁式家具现场制作成品效果（二）

配玻璃的、配贴面复合板的等新材料。装饰性壁式柜按使用功能设有活动门扇，有平开、推拉、翻转，深度一般在300～600mm之间。

装饰性壁式家具的安装主要是从工厂运至现场的分块板件，拆开包装后，复核部件，如图5-166所示。按装配图说明对号组装，板块之间用专用五金配件连接，定位部分实木连接档，加白乳胶木螺钉结合，将板块组装成柜体，见图5-167。安装时，还要注意周边连接卡档支架同墙体的紧密配合，确保牢固无松动。对于工厂制作的成品单组柜体，应符合外形尺寸，并由墙面的卡档配合，专用五金件加以固定。

5.5.2.1　工艺流程

技术准备→壁面清理、测量→装饰面基架预制→柜体板件工厂定制→墙面连接件预装→壁式柜的安装→门扇安装→修饰整理。

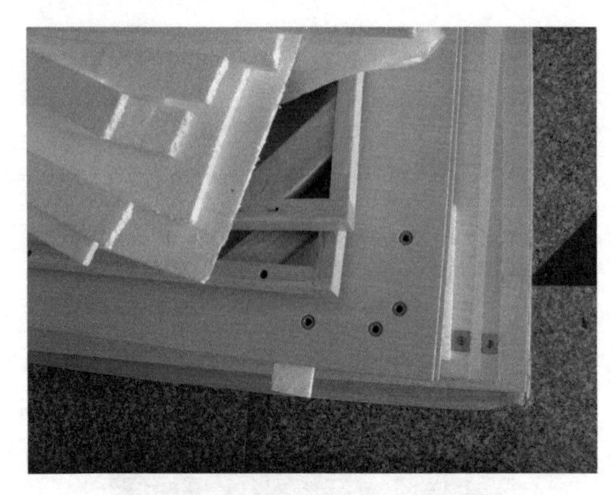

图 5-166 成品部件运至现场堆放

图 5-167 成品部件拆包装螺杆

5.5.2.2 操作要点

(1) 技术准备

首先深入理解装饰设计施工图中装饰性壁式柜的技术要求与家具厂设计师讨论细化设计，绘制可供家具生产的家具装配图，并确定加工板件尺寸和搭接组合方式，以及配套现场的节点固定件和五金件等。

（2）壁面清理、测量

墙面基层清除浮灰、浮浆，对于凸面应凿除，孔洞应补平，测量整体墙面用激光水准仪测出垂直线和水平线。根据现场的实际尺寸，弹出柜体外尺寸的位置，对于部分需嵌入的柜体，还应测出深度位置，并进行角方和垂直的处理，用砂浆粉刷到位，考虑邻边其他装饰材料之间的搭接与修口处理。

（3）装饰面基架预制

在将要装饰的正墙面和侧墙面部位，根据已弹好的木线位置，确定打孔点，用冲击电锤打孔，预埋木筋后，再安装木龙骨细木板基层架，基层架分柜架和分隔架形式，按要求制作，用螺纹钉固定，基层要求横平竖直、整体方正，内口尺寸余留装饰性壁柜的安装缝隙，木基架需刷防腐及防火涂料两遍，见图5-168。

图5-168　基架预制效果

（4）柜体板件工厂定制

根据已确认的装配图，工厂落实部件生产，这些部件由预定的以刨花板为芯材，三聚氰胺贴面或以刨花板为芯材，薄木贴面为板材制作，并按板材模块1220mm×2440mm进行合理套裁，经过板块锯裁、封边、打孔、砂光、油漆等多道机加工工序，加工成规格板件，这些板件的侧板还采用32mm系列孔位排列，所用板件有序编号，符合装配总体要求。

工厂制定的部件，必须按企业标准质检，工地派人复合，符合要求后，根据订货数量、规格成批包装，以发运施工现场，见图 5-169。

图 5-169 板件工厂定制局部

（5）墙面连接件预装

墙面连接件的预装采用两种方法：其一，选用经干燥处理不易变形的硬杂木作卡档，成品档木材含水量必须控制在 12%以下，按图纸由工厂加工制作，与柜体配对连接，其中一块卡档安装时沿弹线位置准确地固定在基层上，用尼龙膨胀管螺钉连接；其二，用插接式配对五金连接件安装，将凹式块预装在弹线点位上，并用尼龙膨胀管螺钉连接。

（6）壁式柜的安装

① 板件安装成柜体。从工厂运至现场的板件，按图示顺序逐件进行装配。侧板与横板（顶底板）之间的连接按孔位用偏心螺丝连接和对接角件连接；侧板与背板之间用槽式嵌入固定；侧板与隔板之间用角式件配螺钉固定，定档之间用粗纹螺丝固定；侧板与侧板之间用对接螺丝连接固定；配套五金件按相应连接工艺，分别将柜子组合起来。

各种五金配件的安装应做到定位准确、安装严格、方正牢固，结合处不得歪扭、松动，不得缺件、漏钉或漏装，具体见图 5-170 和图 5-171。

图 5-170　成品部件安装滑轨

图 5-171　成品部件安装金属拉手

② 柜体与墙面的卡式安装方法。在一幅凹入式墙体内，复核其预先安装的卡档位置，将另一部分卡档用螺钉固定安装在柜体的背面及侧面，要求卡档之间自然配合，经调试正确后，将柜体平移入内，并调整好垂直面和柜体的方正度。

根据壁柜体可调的特点，先找平地面作为基准，将组装的整体柜组，平正靠墙，用板底调节螺套，纠正整幅平面垂直度，将框架角方正后用塞档定位并与顶板固定。柜体底面利用调节脚套，将插入式配套连接件装在木质包脚板上，并将包脚板卡住调节脚套。柜体调节脚套与包脚板卡接示意见图 5-172。

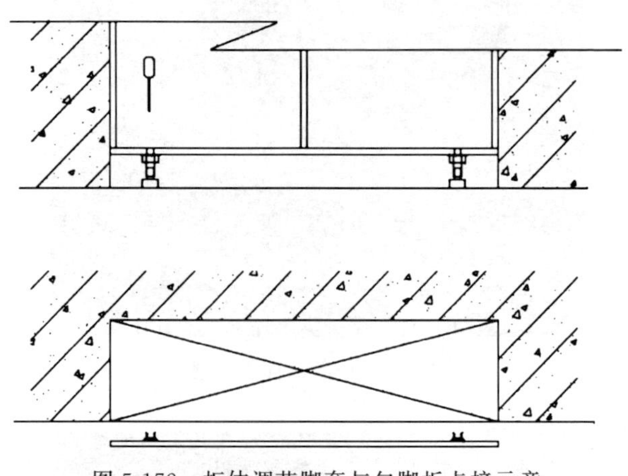

图 5-172 柜体调节脚套与包脚板卡接示意

吊柜与墙体的安装方法：对于进入施工现场的单体吊柜，正确就位后，将专用五金连接件安装柜体角边，直接用冲击锤打穿背板进入墙体，用专有尼龙膨胀管螺钉打入固定。根据柜体的尺寸和所承载重量，可设几个固定连接件。另外，还可利用金属支承座架，将吊柜固定，这种方法可以调节升降要求，载重量较大，见图 5-173。

（7）门扇安装

装饰性壁式家具的门扇通过工厂定制加工，分两种形式：其一，铝合金为框架的结构，装饰性移门在柜体中外沿处上下装轨道，用滑轮移门，安装时，要确保整体柜组与轨道呈水平状态，并在孔位处用螺钉固定，校正门的垂直度，可在滑轮上调正，见图 5-174和图 5-175；其二，是采用木结构的开门形式，要确定合页孔位，用专业钻头打好正确孔位，安装时应将暗合页先压入门扇

图 5-173　吊柜五金件实例

的合页位孔内，找正后拧好固定螺丝，进行试装，调好扇间缝隙，再定出侧板合页位，固定时侧板上每只合页拧一个螺丝，然后关闭，检查侧板与门扇的平整度。如安装对门扇，应先装带中线的左门扇，后装盖门扇。符合要求后，将全部螺丝装上拧紧，具体见图 5-176和图 5-177。

图 5-174　固定上轨道

图 5-175　内六角螺丝组装铝合金移门

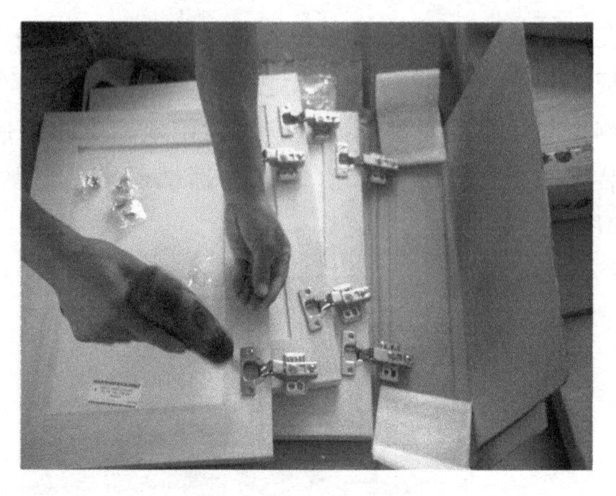

图 5-176　柜门装合页

门面拉手五金件安装应整齐牢固，品种、规格、数量按设计选用，安装时应注意位置在同一水平线上，如图 5-178 和图 5-179 所示。

(8) 修饰整理

柜体全部安装完毕后，对于邻边的修口处理可按照设计要求用

图 5-177　柜门合页效果

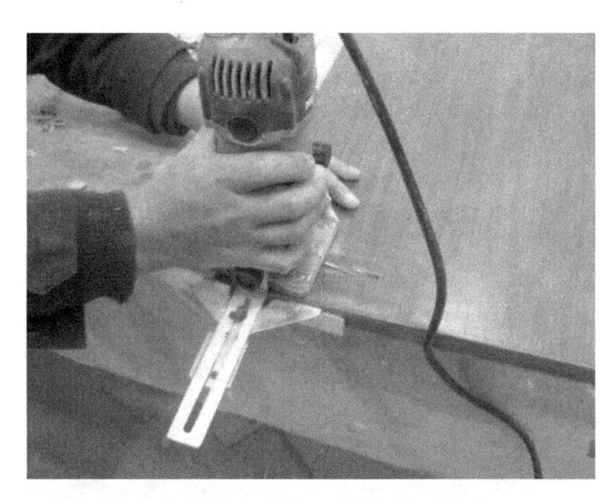

图 5-178　开拉手孔

修饰条或边缝打胶的办法处理，以确保整体效果。

工厂化预制加工组装壁式柜成品效果见图 5-180～图 5-182。

5.5.2.3　成品保护

① 柜体的板件拆开包装安装时，应在工作台上垫绒毡作业，避免损伤表面。

图 5-179　嵌装柜门拉手

图 5-180　轨道式铝合金移门壁式柜

② 安装好的柜体，迎面应用硬纸板或塑料膜包扎，以防碰撞，见图 5-183。

③ 安装时，严禁碰撞抹灰及其他装饰面的边角，保护邻边装饰面面层。

图 5-181　固定壁式家具成品效果

图 5-182　轨道式铝合金移门壁式柜

5.5.3　固定壁式家具施工质量控制和质量检验

5.5.3.1　固定壁式家具施工质量控制

① 橱柜制作与安装所用材料的材质和规格、木材的燃烧性能

图 5-183 壁式柜成品保护

等级和含水率、人造木板的甲醛含量应符合设计要求及国家现行标准的有关规定。

② 橱柜安装预埋件或后置埋件的数量、规格、位置应符合设计要求。

③ 橱柜的造型、尺寸、安装位置、制作和固定方法应符合设计要求。橱柜安装必须牢固。

④ 橱柜配件的品种、规格应符合设计要求。配件应齐全，安装应牢固。

⑤ 橱柜的抽屉和柜门应开关灵活、回位正确。

⑥ 橱柜表面应平整、洁净、色泽一致，不得有裂缝、翘曲及损坏。

⑦ 橱柜裁口应顺直、拼缝应严密。

5.5.3.2 固定壁式家具质量检验

固定壁式家具安装的允许偏差和质量检验应符合表 5-14 的规定。

表5-14　固定壁式家具安装的允许偏差和质量检验

项　目	允许偏差/mm	检验方法
外形尺寸	2	用钢尺检查
两端高低差	2	用水准仪或尺量检查
立面垂直度	2	用1m垂直检测尺检查
上、下口平直度	2	拉线、尺量检查
柜门与口框错台	2	用尺量检查
柜门与上框间隙	留缝限制为0.7~	用塞尺检查
柜门并缝与两边框间隙	1	
柜门与下框间隙	1.5	

第6章 装饰装修木作工程质量通病与防治

在室内装饰木作施工中，由于施工技术掌握不够全面，细部节点的不规范做法，往往会出现不同程度的质量通病，反映在顶面工程、墙柱面工程、地面工程以及细部工程方面，这些问题的产生，共性是基层结构处理不恰当而引起的通病。只要我们在木作施工时，抓住影响装饰效果的关键部位，做好防治措施，工程质量就有保证。

6.1 吊顶工程质量通病与防治

6.1.1 木饰板材吊顶表面变形

（1）现象

木饰板材吊顶安装后，部分产生凹凸面，如图6-1所示。

（2）原因分析

① 一是存在水平放线控制问题；二是龙骨未调整到位。

② 使用的木龙骨板材未达到干燥要求，材质部分变形，安装基层板接头未留空隙，吸湿后引起膨胀现象。

③ 吊杆固定不牢固或部分不直，受力后引起局部下垂。

④ 基层板安装时部分没有贴实木格栅，从周边向中心的固定方式，板块有应力储存，产生平面起凹凸现象。

图6-1 木饰板材吊顶表面局部变形

（3）防治措施

① 对于吊顶四周标高线应准确弹线到墙上，跨度较大的应在中间适度加设控制点。

② 选择规格尺寸统一的木格栅，确保木材含水率在12%以下，木格栅可以在地面先预制，分格间距不宜超过450mm。

③ 调平龙骨架方能安装基层板，基层板的安装应从中间向两端排钉，避免产生凹凸变形。按头拼缝留有3～5mm间隙，以适应变形要求。

④ 顶面如有部分悬吊设备，应单独设置吊杆，直接在结构顶板上固定。

6.1.2 吊顶木格栅安装拱度不匀

（1）现象

吊顶木格栅平整度差，拱起高度不一，如图6-2所示。

（2）原因分析

① 吊顶木格栅材质差、变形大、不顺直。

图 6-2 吊顶木格栅安装拱度不匀

② 操作中未按要求弹线，拱起不均匀。

③ 木格栅接头钉装不平或不顺直，引起顶面整体不平整。

④ 受力节点结合不严，受力产生移位。

(3) 防治措施

① 要选用比较干燥的松木、杉木等软质木材。

② 按操作工艺弹线；严格控制主梁、格栅按要求起拱。

③ 各受力节点必须钉装严密、牢固；保证整体性。

④ 对于局部差别大的格栅，可利用吊杆或吊筋螺栓把拱度调匀。

6.1.3 吊顶石膏板出现不平整及裂缝

6.1.3.1 纸面石膏板吊顶不平整

纸面石膏板吊顶不平整，起伏明显，如图 6-3 所示。

(1) 原因分析

① 吊顶龙骨架安装不平整。

图6-3　纸面石膏板吊顶不平整，起伏明显

② 主龙骨悬臂段、主龙骨与墙边间距、副龙骨安装间距偏大，致使吊顶在使用一段时间后，起伏较为明显。

③ 龙骨靠紧空调、风口等设备，使用出现设备震动现象，造成部分龙骨骨架松动。

（2）防治措施

① 封石膏板前应对吊顶龙骨架的平整度用靠尺进行验收。

② 第一根主龙骨距墙面≤300mm，主龙骨间距≤1200mm，副龙骨安装中心间距300～600mm。

③ 吊顶龙骨应与空调、风口等设备离开一定间距，并将周边龙骨加固处理，防止因设备震动影响吊顶平整。

④ 纸面石膏板应在自由状态下，从一块板的中间向板的四边展开固定，并且纸面石膏板的长度沿副龙骨纵向铺设。

⑤ 纸面石膏板用自攻螺丝固定，要求钉距宜为150～170mm，螺钉距离包封边10～15mm，距离切割边15～20mm，螺钉帽埋入板面但不损坏纸面。

6.1.3.2　顶面转角处出现裂缝

顶面转角处出现裂缝，见图6-4。

图 6-4 顶面转角处出现裂缝

(1) 原因分析

① 石膏板顶面转角对板材的应力较大，是最容易产生裂缝的地方。

② 石膏板未采用“L”形封板，而后期板面出现裂缝。

(2) 防治措施

① 顶面石膏板转角应采用“L”形封板，基架转角45°位置应增添副龙骨，抹灰前应增设200mm宽的加强网格布。

② 封双层板时，上下层板的接缝应错开300mm，也可用“L”形多层板代替第一层石膏板的做法。

6.1.3.3 石膏板顶面与结构柱连接处产生裂缝

石膏板顶面与结构柱连接处产生裂缝，见图6-5。

(1) 原因分析

① 施工时未注意该部位的结构柱出现沉降，而造成石膏板吊顶开裂。

② 对该处如何预防的措施了解较少。

(2) 防治措施

① 石膏板顶面与结构柱连接时，可留10mm宽凹槽进行过渡

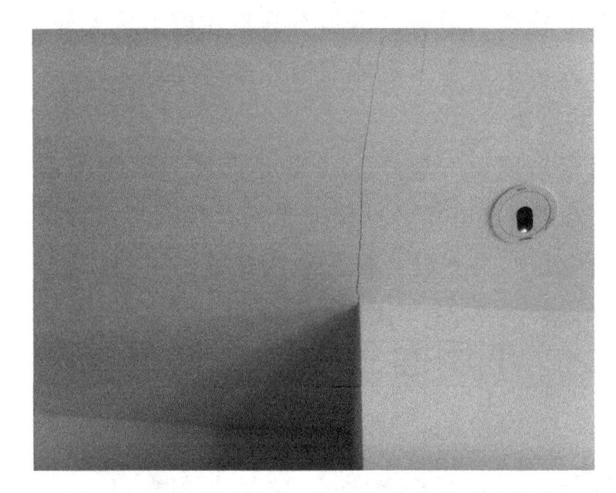

图6-5　石膏板顶面与结构柱连接处产生裂缝

处理。

② 石膏板内的龙骨结构必须牢固、平整。

③ 对于石膏板转角部位，可采用加强网格布粘贴作补强处理。

6.1.3.4　通道内石膏板多处出现裂缝

通道内石膏板多处出现裂缝，见图6-6。

(1) 原因分析

图6-6　石膏板顶面出现裂缝

① 疏忽了较长的通道、吊顶石膏板在应力较大处产生裂缝。

② 施工人员未按要求留伸缩缝作过渡处理。

（2）防治措施

① 石膏板吊顶长度超过 15m 的走道或大面积吊顶转角处应预留伸缩缝，宽度宜 20mm，且伸缩缝的石膏板与龙骨均需断开。

② 安装双层石膏板时，两层板的接缝不得放在同一根龙骨上。

6.2 木墙面工程质量通病与防治

6.2.1 木饰面安装不平整及基层不实

（1）现象

木饰面平整度偏差，局部与基层粘贴不实，见图 6-7。

图 6-7 木饰面局部不平整

（2）原因分析

① 基层平整度未调好，木龙骨含水率高。

② 木骨架的组成和安装方式不规范，并用枪钉固定，支架出现松动。

③ 饰面板粘贴安装时，胶水厚薄不均或卡式档安装的连接面

未贴实。

（3）防治措施

① 为较好防止空气中的潮湿浸入，木基层与结构层之间应设防潮膜，防止潮气通过结构层被木基层吸收，饰面板受潮变形。防止木饰面从地面基层吸湿，一般应搁置在地面饰面板上。

② 在做木饰面基层时，对于木方网格基层，龙骨与木楔连接应牢固与墙面打孔安装木楔深度不小于40mm，在安装基层板时，应选用阻燃型多层板及结构比较稳定。

③ 木饰面粘贴安装前，先用靠尺和线锤检查平整度和垂直度，确保基层平整度偏差在允许范围内时，在可安装木饰面固定时要确保免钉胶涂布均匀。

④ 也可用轻钢龙骨和“U”形卡结构，替代木龙骨架的制作方式，这种方式基层相对稳定，且符合防火的要求。

6.2.2 木饰面表面施工粗糙及打枪钉固定

（1）现象

木饰面表面施工粗糙，用钢钉或打枪钉固定，见图6-8和图6-9。

图6-8 打枪钉固定木饰面表面

图 6-9 木饰面表面粗糙

(2) 原因分析

① 施工要求低，按传统简易方法操作。

② 用枪钉固定，未用同色调腻子进行修补。

(3) 防治措施

① 对于高档的木饰面安装采用工厂化预制加工现场挂装方式，严禁正面用钉子进行固定。

② 当采用枪钉、钢排钉等进行固定时，也应隐蔽或次要位置进行，固定后必须用同色调腻子进行修补处理。

6.2.3 木质基层软包面绷压不严及边角不挺

(1) 现象

木质基层软包面绷压不严、边角不挺，电源开关面板内凹，见图 6-10 和图 6-11。

(2) 原因分析

① 基层用多层板，外围未装上木条小圆边线。

② 框内海绵与底板粘贴不牢，未采用两层式铺装。

③ 未选用有弹力及韧性较好的面料。

④ 开关盒无木条边框，面板安装后内凹。

图 6-10　木质基层软包面绷压不严

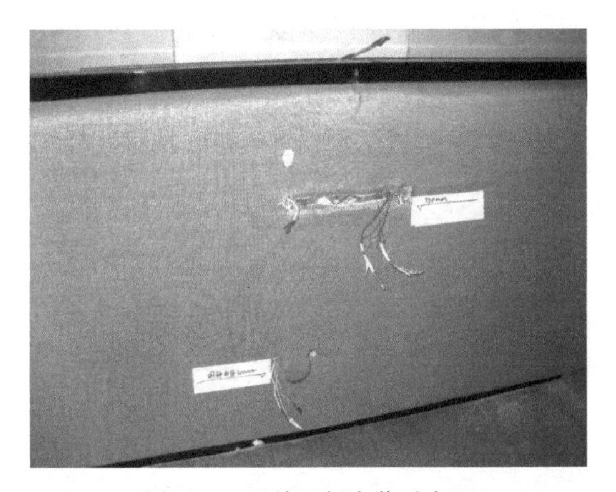

图 6-11　开关面板安装后内凹

（3）防治措施

① 按软包分块尺寸裁制九厘板，并将四边设小线条固定，形成一个框底板。

② 在框内安装略高于框面的 20mm 厚海绵，并用强力胶粘贴。在规格尺寸大于底板 40～50mm 的织物面料和配薄型海绵置于面板上，将织物面料和薄型海绵沿板边卷到板背，在展平顺后用码钉固定。定好一边，再展平铺顺拉紧织物面料，将其余的三边都卷到

板背固定，为了使织物面料经纬线有顺序，要用码钉固定，码钉间距不大于 30mm。

③ 选用有弹力及韧性较好的面料。

④ 连续铺装的软包成型块，固定基层时要注意接缝的顺直与边线的紧密性，凹缝应宽窄均匀，富有饱满感。

⑤ 开工边框需加木条线，安装开关面板不会内凹，扪布底板要排板编号。

6.2.4 隔墙结构不能满足成品门安装强度及墙体震动严重

(1) 现象

隔墙结构不能满足成品门安装强度，墙体震动严重，见图 6-12。

图 6-12 门框上方和竖向未采用方管加固

(2) 原因分析

① 双门扇重量大，门框仅采用竖龙骨对扣中间加木方的方法制作。

② 竖向应用了方管加强，但没有连成门架整体，墙体不够稳固。

(3) 防治措施

① 双门扇应采取架设钢支架加强的方法。

② 架设竖向方钢时，下面要与地面结构预埋件焊牢固，上面要与顶面结构预埋件焊牢固，并在门头上方横向焊接方钢，形成支架体。

③ 钢架外建立木结构体，用阻燃型多层板做基层，用强攻螺丝连接钢架。

6.2.5 隔墙骨架安装结构不牢固及整幅刚度差

(1) 现象

隔墙骨架安装结构不牢固，整幅刚度差，见图6-13。

图6-13 隔墙骨架安装结构不牢固

(2) 原因分析

① 龙骨与建筑结构固定不牢固，龙骨之间连接工艺错误。

② 当隔墙高度较高时，部分龙骨采用搭接方式连接，整体感差。

③ 竖龙骨间距过大，穿心龙骨设置数量不够，安装连接方式不正确。

④ 因穿线管埋暗盒造成龙骨开口强度降低，未采取加强措施。

（3）防治措施

① 天地龙骨与楼层顶面、地面连接及竖龙骨与墙、柱连接应采用膨胀螺栓固定，固定点间距应不大于800mm。

② 龙骨长度应按隔墙高度进行加工，不宜进行搭接接长固定。

③ 竖龙骨的间距宜为400mm，开口方向宜同向。需设置穿心龙骨的骨架，一般低于3m的隔墙安装2道，3～5m的隔墙安装2～3道。

④ 当龙骨因穿管或埋暗盒造成强度降低时，需添附加龙骨，使结构加强。

⑤ 大面积骨架，必要时可增加竖向方钢起到结构加固作用。

6.3 木地面工程质量通病与防治

6.3.1 木地板存在龙骨基层松动

（1）现象

木地板完成面与基层有脱开感，行走有声响。

（2）原因分析

① 地面木龙骨安装时，由于地面不平整，下用木榫垫嵌，木榫未固定牢固，时间长了木榫松动。

② 木龙骨含水率较高，安装后收缩，使锚固件松动或预埋螺钉等不紧固，木地板走动后就会发出响声。

③ 用电锤在混凝土楼板上打洞，预埋木榫，木龙骨用圆钉钉入木榫，走动久了就会松动。

（3）防治措施

① 控制木龙骨含水率，一般在12%以内，进场后，放置数天，待含水率相对稳定于空气中平均含水率再安装。

② 安装时拉好木龙骨表面水平线，木龙骨垫实木块，木垫块表面要平整，并用双颗螺纹钉与预埋木榫钉牢。

③ 采用美固钉锚固木龙骨，以防木龙骨固定不牢，发生松动。

④ 在木龙骨上应铺设专用防潮膜。

6.3.2 木地板局部翘边及起拱

(1) 现象

木地板经过一段时间，局部存在翘边、起拱，见图6-14和图6-15。

图6-14 木地板局部起拱

(2) 原因分析

① 木地板铺后吸收潮湿水分而产生起拱。

② 地坪基层没有充分干燥，如使用的木龙骨材质偏潮，水分沿缝进入地板下，引起受潮膨胀。

③ 厨卫间地坪下未做防水处理，浸水进入室内地面层，而使地板受潮。

(3) 防治措施

① 首先水泥地坪已做防潮处理，控制木地板或配有木龙骨的

图 6-15 木地板局部发霉，翘边

其含水率应小于 12%。

② 使地面通气，木龙骨应做到孔槽相通，与地板面层通气孔相连，地板面层通气孔每间不少于 2 处，踢脚板通气孔每边不少于 2 处。

③ 铺地板时，靠墙的一边应离开墙面 10mm 左右。

④ 厨卫间台阶门口要做好防水处理，严防潮湿水分进入地面地板基层。

6.3.3 木踢脚板安装表面不平

(1) 现象

木踢脚安装与地面不垂直、表面不平、对接有高差，见图6-16 和图 6-17。

(2) 原因分析

① 墙面不平整，为了出墙厚度一致，踢脚板贴墙面安装。

② 踢脚板变形翘曲，造成表面不平。

③ 木榫埋设不牢固或设置间距过大。

图 6-16　木踢脚板对接有高差

图 6-17　木踢脚板与墙面之间有缝隙

（3）防治措施

① 首先墙面应是平整的。

② 踢脚板靠一面应设变形槽，槽深 3～5mm，槽宽不小于 10mm。

③ 对于混凝土块或轻质墙，其踢脚线部位应砌黏土砖墙，使

木楔嵌入牢固。

④ 安装木踢脚板时，直入墙面木楔间距适中，控制好平整度。

⑤ 木踢脚板有背挂条的与木楔用圆钉固定，最后打胶挂装木踢脚板，检查平整度和垂直度。

6.4 细部工程质量通病与防治

6.4.1 木门窗框安装不牢固及抹灰层产生缝隙

（1）现象

木门窗框安装不牢固，与抹灰层产生缝隙，见图 6-18。

图 6-18 木门窗框安装不牢固

（2）原因分析

① 预留木砖与墙体不牢固，经多次震动，逐渐与墙体脱开。

② 木门窗框与墙体间的空隙离缝较大，用加木垫的方法固定框子，由于钉子进入木砖的长度减小，降低了固定能力。

③ 框与墙体嵌灰不实，造成墙体的窗框和灰缝之间缝隙过大，引起松动现象。

（3）预防措施

① 应按图纸或要求设置窗洞木砖，并控制间距。

② 对于尺寸大的木门窗框，要用扁铁专用件与墙体侧面结合，窗洞边框的空隙可用泡沫胶填嵌固定。

③ 洞口与边框空隙在20mm之间的，对准木砖位置，应补加木垫块，钉子加长，保证钉子进入木砖的深度有50mm，空隙部位应嵌灰泥逐步填实。

6.4.2 木门扇翘曲变形及开关不平整

（1）现象

木门扇翘曲变形，开关不平整，见图6-19。

图6-19　木门扇翘曲变形

（2）原因分析

① 门内部木材含水率偏低，并材种不一，由于内部收缩不一致，引起整个门扇翘曲。

② 门与框扇整面安装不平整，工艺缝隙小，有拼接现象。

③ 门页槽深浅不均匀，安装不平整，不垂直，产生门扇有

翘曲。

（3）预防措施

① 较高大的门窗扇，设计时应适当加大断面尺寸，以防止木材产生翘曲变形。对于厚的门内结构应安装扁管衬条，与木结构连成整体基层，加强其稳定性。

② 木门扇安装前对平面进行检查，翘曲小于 3mm 的可在安装时用合页调整到位。

③ 安装中应首先检查框架是否平整垂直，必要时作修整后再安装门扇。

④ 安装合页要掌握框与门侧向的合页埋设深浅度，并要使合页低于表面 1mm 为宜，一扇门一般用三个合页，安装在同一中轴线上。

6.4.3 木门扇安装后下垂及开启撞击

（1）现象

木门扇安装后下垂，引起开启撞击，见图 6-20。

图 6-20 木门扇安装后下垂

（2）原因分析

① 门扇过高、过宽，门用料的断面过小，刚度不足。

② 实木结构的门扇，榫眼配合不紧密。内涂胶不足，使榫眼结合出现松动且移位。

③ 合页与木螺丝配合之间螺丝过短或螺丝装配用榔头敲入的，出现合页松动现象。

④ 在装配木门扇时，合页布设间距不够合理。

(3) 预防措施

① 设计时对于门扇高大宽的结构上的配置，特别是内结构的材料尺寸放大，以提高刚度，避免下垂。

② 如为实木门结构的，必须确保木材含水率在12%以下，应加大榫眼结合的牢固度，如采用双榫结构等形式。

③ 安装时选用合适的合页及木螺丝，木螺丝不得打入，应拧入拧紧。

④ 加强配合的门套饰面内木楔、木基层的结构牢固度。

⑤ 对于较高的木门扇安装，合页安装位置宜取门扇上端、下端立挺高的1/10，中间合页可取上端合页中到中距离为400mm，为美化视觉效果有的下端再加高50mm。

6.4.4 木门套下部受潮发霉

(1) 现象

木门套下部受潮发霉，见图6-21。

(2) 原因分析

① 木门套施工前墙基层未做防水、防潮处理。

② 地面未做防水层处理，受潮后影响木饰面成品。

(3) 预防措施

① 墙面铺设防潮膜后，用防腐木楔固定，基层采用防腐多层板和防腐处理过的木衬条，基层板与木楔应用螺纹圆钉固定。内基层板离地间隙为30mm，外饰面板离地5mm进行安装。

图 6-21　木门套下部受潮发霉

② 地面必须按要求做好防水处理层，木门套底部落在石材门槛上，再打聚硅氧烷密封胶。

③ 木门套施工完成后，邻近地面还需修整作业时，必须用保护膜对低端进行成品保护。

6.4.5 窗帘盒制作质量缺陷

(1) 现象

窗帘盒外侧面弯曲变形，与底板和吊顶不方、接缝不密，见图 6-22。

(2) 原因分析

① 板材含水率控制不严，安装后产生收缩或变形。

② 安装前没有认真找水平基准线，平面位置不垂直。

③ 侧板采用木工板基层，接头简易，安装连接不牢固。

(3) 预防措施

① 木窗帘盒所用的侧板采用不易开裂变形的 18mm 厚阻燃性多层板。

图 6-22　窗帘盒底面裂缝

② 侧板开燕尾榫粘胶对接，并用码钉进行双面固定，正反面和下沿口固定纸面石膏板。

③ 安装窗帘盒可将盖板和侧板先组装成型，按标高尺寸拉通线，达到水平准确。

④ 窗帘盒的顶板为便于安装窗帘轨，一般厚度不小于 18mm，如需安装多层窗帘轨时，内结构要加固，板需增加厚度。

6.4.6　木窗台板安装的质量缺陷

(1) 现象

窗台板有翘曲，不平整，伸出边不一致，见图 6-23。

(2) 原因分析

① 窗框安装中，没有与墙面平整，两端贴墙宽窄不统一。

② 基层表面不平整，窗台板安装未按两端分匀。

(3) 防治措施

① 窗台的基准面首先要找平，对窗框的安装要贴墙面尺寸正确，两侧墙面抹灰也需收面平整。

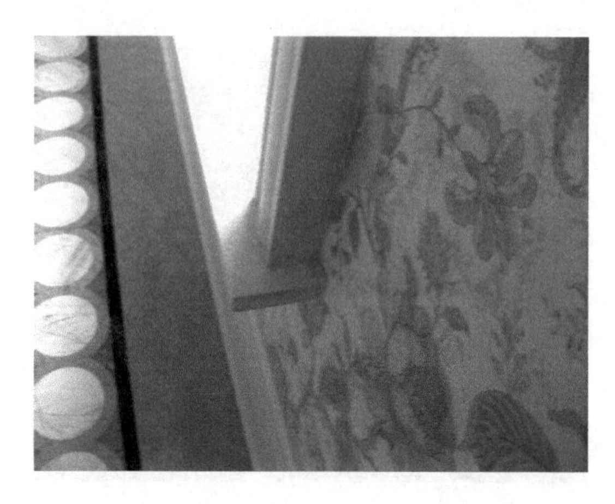

图 6-23 木窗台板尺寸不准，安装粗糙

② 可选择多层板作基层板，安装平整后，用美固钉固定，板正面离墙面挑出一致。

③ 木窗台安装时，应根据标高要求，按水平尺找平填好，用免钉胶加以固定，并在同一室内按相同标高安装窗台板，保持水平状态，修正安装部位。

6.4.7 木扶手安装的质量缺陷

（1）现象

木扶手接头处工艺不密不平，弯头不和顺，见图 6-24 和图 6-25。

（2）原因分析

① 木扶手加工断面尺寸有差异，加工粗糙。

② 扶手和弯头木材含水率过大，安装后干燥产生收缩和变形。

③ 接头的切割面角度不平整。

④ 扶手和弯头基准面下连接扁铁不平整，安装时未进行平整处理。

（3）防治措施

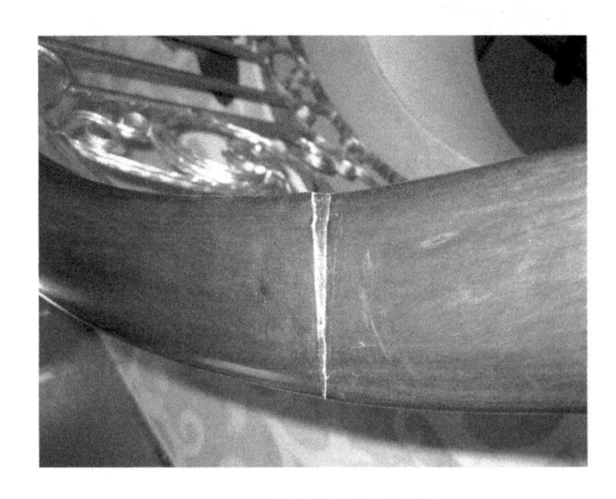

图 6-24　木扶手连接处裂缝

图 6-25　栏杆扶手下口处理粗糙

① 选用木料材质应纹理通顺、不易变形、收缩率小的硬木，控制含水率不得大于 12%。

② 木扶手安装由下向上安装，先按栏杆斜度配好起步弯头。接头除黏结外，还应有下边作暗榫，也可用铁件铆固。

③ 扶手采用整块弯头，整体弯头应做足尺大样的样板，在弯

头料上按样板画线制作。

④ 扶手各段接头处应用暗榫以45°角断面加胶黏结，应使用符合要求的强力胶黏结，扶手与弯头作卯榫连接固定。

⑤ 安装扶手的螺栓应先钻孔，深度为螺栓长度的2/3，将扶手和弯头紧紧固定在栏杆扁铁上。

第7章

装饰装修精细木工安全操作与职业健康

木质材料之所以被广泛应用到装修工程中，主要有以下特点：木质材料具有天然的色泽和美丽的花纹，且容易着色和油漆；木质材料易于连接，用胶或钉、螺丝及榫都很容易牢固地相互连接。然而木质材料却又两大致命缺点：木质材料具有吸湿性，易受虫或生物菌类腐蚀；木质材料具有易燃性，防火性能差。在木工施工中，除了要注意对木质材料的防火与防腐要求外，还须掌握木工安全操作要点以及对木工职业健康的关注。

7.1 木质材料的防火要求

7.1.1 防火要求

装修材料按其使用部位和功能可划分为顶棚装修材料、墙面装修材料、地面装修材料、隔断装修材料、固定家具、装饰织物、其他装饰材料七类，各个部位或多或少涉及木质材料。为保障建筑内部装修的防火安全，防止和减少建筑物火灾的危害，建筑内部装修应妥善处理装修效果和使用安全的矛盾，积极采用不燃性材料和难燃性材料，尽量避免采用在燃烧时产生大量浓烟或有毒气体的材料，做到安全适用、技术先进、经济合理。

根据《建筑内部装修设计防火规范》(GB 50222—95)(2001版)规定，建筑物内的厨房其顶棚、墙面、地面均应采用A级装修材料；建筑物内设有上下层相连通的中庭、走廊、开敞楼梯、自动扶梯时，其连通部位的顶棚、墙面应采用 A 级装修材料，其他部位应采用不低于 B_1 级的装修材料；当公告娱乐场所设置在一、二级耐火等级建筑的四层及四层以上时，室内装修的顶棚材料应采用 A 级装修材料，其他部位应采用不低于 B_1 级的装修材料；当设置在地下一层时，室内装修的顶棚、墙面材料应采用 A 级装修材料，其他部位应采用不低于 B_1 级的装修材料，具体见表 7-1。

表 7-1 装修材料燃烧性能等级表

等级	装修材料燃烧性能
A	不燃性
B_1	难燃性
B_2	可燃性
B_3	易燃性

7.1.2 防火措施

对于用于装修的天然木材，燃烧性能等级一般被确认为 B_2 级，然而根据规范标准要求，在建筑内部装修中广泛使用的是燃烧性能为 B_1 级的木质材料或部件部品，因此在木质材料用于装修材料前，应对其进行阻燃处理，以满足防火设计要求。

各产品因其厂家、用途、加工方式等差异，所使用的阻燃处理措施也各不相同。目前对于木装修材料的阻燃处理，主要有两种方法：一种是使用阻燃剂对木材浸刷处理，使阻燃剂渗透到木材内部，并留存在木材部纤维空隙间，起到阻燃目的；另一种是在木材表面刷防火涂料，见图 7-1，起火后防火涂料会产生一层发泡层，从而保护木材不受火。

7.1.3 抽样检验

对于现场阻燃处理或表面加工后的 B_1 级的木质材料，每种材料取样检验燃烧性能。具体样品抽取数量、尺寸及检验方法按照国

图 7-1　木质材料表面刷防火涂料

家标准《建筑材料难燃性试验方法》（GB/T 8625—2005）确定。

7.1.4 注意要点

装修常用的工厂预加工木质部件、部品，一般都按要求已做防火处理，或应用阻燃型板材，到现场的成品或者半成品燃烧性能等级一般都能达到设计要求，不需要现场进行防火处理，只需要对材料防火性能进行抽样检验。对于现场加工的木质基层以及部件需要进行防火处理，现场进行防火处理应注意以下几点：

① 木质材料进行阻燃处理时，其含水率不应大于 12%；

② 木质材料阻燃处理前，应将材料表面清理干净；

③ 木质材料表面刷防火涂料，涂刷不少于 2 遍，第二次应在第一次涂刷表层干后进行；

④ 阻燃处理后的木质材料表面应无明显返潮及颜色异常变化。

7.2 木质材料的防腐要求

7.2.1 木质材料腐蚀

木质材料腐朽的原因主要在于“三菌一虫”，即霉菌、变色菌、腐朽菌和昆虫。对木质材料的具体腐朽作用见表 7-2。

表 7-2 木质材料腐朽作用表

腐朽根源	腐朽破坏面	破坏原理
霉菌	材料表面	在潮湿环境中,霉菌在木质材料面上腐生
变色菌	材料细胞腔	变色菌生活在髓射线细胞核管胞中,菌丝体分泌色素使木材变色,变色部韧性降低,木质部变脆
腐朽菌	材料细胞壁	腐菌分泌多种酶,分解木质细胞而变色,破坏木材
昆虫	材料内部	不同蛀虫吸取木材中对其有用的营养成分,使木材内部出现孔洞

7.2.2 防腐方法

木材防腐可分为物理和化学两种方法：物理法包括水浸、烘烤、烟熏、高温干燥和涂刷；化学法主要是用防腐剂处理，以化学药剂浸注材料。

根据防腐的途径可分为机械隔离法和毒性防腐：机械隔离法是将木材暴露的表面保护起来，阻止木材与外界环境因素直接接触，以防止微生物的侵蚀；毒性防腐是靠防腐剂的毒性来抑制微生物的生长、繁殖，或使微生物吸收防腐剂而被毒死。

一般来说，物理法或机械隔离法成本低，操作简单，对环境几乎无污染，但处理效果持久性差；化学防腐或毒性防腐效果好、效果持续时间长，但处理操作复杂，需要有专门的设备，成本高，且防腐剂一般对人和环境都有不良影响。现在一般常采用化学方法对木材进行防腐处理。

具体防腐处理工艺参照《防腐木材生产规范》(GB 22280—2008) 执行。

7.2.3 注意要点

装修常用的木质部件、部品，一般都是在工厂化加工处理过程中，就已经考虑防腐处理要求，不需要现场防腐处理，具体见图7-2。但也有部分特殊木质材料需要现场防腐处理，现场处理应注意以下几点：

① 对于有防火要求的木质材料，应选用防腐、防火合为一体的涂料；

② 防腐处理前，应对木材料进行干燥处理；

③ 木质材料应先机械加工后，再进行防腐处理；

④ 对于造型的木质材料在防腐处理过程中，保持现场通风，且所有表面都应进行处理。

图7-2 工厂加工中心木材防腐处理

对于木质部品的安装，现场尽可能按照原尺寸安装，减少现场切割加工，防止新切割面腐蚀。

7.3 木工安全操作要求

7.3.1 木工防火安全要求

① 工作场所严禁烟火及明火作业，必须按规定配备灭火器材，见图7-3。

② 工作场地和个人工具箱内要严禁存放油料和易燃易爆物。

③ 配电箱下方不能堆放成品、半成品及废料等杂物，见图7-4。

图 7-3　工作场地设置灭火器材

图 7-4　配电箱下方整洁干净

④ 电锯、电刨等木工设备在施用时，注意火星以及刨花、锯末。

⑤ 经常对工作间内的电气设备进行检查，发现短路、打火和线路绝缘老化破损等情况要及时找电工维修。

⑥ 工作完成后必须做到现场清理干净、剩下的木料堆放整齐，锯末、刨花要堆放在指定的地点，并且不能在现场存放时间过长，防止自燃起火。

⑦ 工作完成后，离开现场前应拉闸断电，检查确保没有火险

隐患。

7.3.2 木工机械安全操作

① 操作人员需经过专业培训教育，了解机械设备构造、性能和用途，掌握有关使用、维修、保养、安全生产等技术知识才能上岗。

② 操作木工机械设备人员的衣着、鞋子必须符合要求，严禁穿拖鞋上班，严禁戴手套进行机械作业，作业时作业人员按规定正确使用劳动防护用品。

③ 作业前应仔细检查工具、设备、安全装置是否完好和工作区内有无异物，在确认完好和无异物后方可启动设备。

④ 作业前必须经试机至少 2～3min，检查各部件运转是否正常、安全防护装置是否安全可靠后方可作业。

⑤ 禁止在设备运转或切断电源但仍在惯性运转时，将手伸到刀刃部取出木材、清理设备、剔除木屑（木粉尘）及木块。

⑥ 链条、齿轮和皮带等外露传动部分，必须安装防护罩和防护板。

⑦ 机械运转过程中出现任何异常或故障时，必须立即断电停机检查，确认机械正常后才能作业。

⑧ 作业后必须切断电源，闸箱门锁好。

⑨ 每日必须检查设备电源、电线是否良好，损坏的应由电工专业人员维修。

7.3.3 高处作业注意事项

装饰装修工程中，木工高处作业所用工具主要是人字梯和移动脚手架，见图 7-5。

7.3.3.1　人字梯

① 使用前检查人字梯，发现开裂、腐朽、榫头松动、缺挡等不得使用。

图 7-5　人字梯和移动脚手架

② 上下人字梯时应面朝着人字梯，使用的人字梯应四脚落地，摆放平稳。

③ 梯脚应设防滑皮橡皮垫和保险拉链。

④ 上下人字梯时每次只能跨一挡，上下时手中不得拿其他任何东西。

⑤ 上下人字梯时要保持身体的中心在人字梯的中间位置。

⑥ 使用人字梯时不得超过人字梯倒数第三挡以上部位。

⑦ 使用人字梯时必须保证始终有人扶着人字梯。

⑧ 禁止两人同时使用同一只人字梯。

⑨ 梯子挪动时，作业人员必须下来，严禁站在梯子上踩高跷式挪动。

⑩ 在人字梯上工作所需要的所有工具和材料应通过人字梯扶持人员以外的第三人传递来完成，禁止上下抛、投、扔工具材料。

7.3.3.2　移动脚手架

① 脚手架内外两侧均应设置交叉支撑并与脚手架立杆上的锁销锁牢。

② 在脚手架的操作层上应连续满铺与脚手架配套的挂扣式脚手板，并扣紧挡板，防止脚手板脱落和松动。

③ 脚手架在移动前，应将架上的物品和垃圾清除干净。

④ 使用移动脚手架的场地、四角必须平整，上人时，四个轮子必须固定。

⑤ 脚手架 2m 以上要系安全带，作业人穿戴要符合要求。

⑥ 上人作业时时必须保证始终有人现场看管，防止突发事件。

⑦ 拆除脚手架前，应清除脚手架上的材料、工具和杂物。

7.4　木工职业健康

随着木质材料在建筑装修工程中的广泛应用，传统手工加工已被机械加工所取代，木屑粉尘、噪声、化学物质等对施工木工作业人员的健康会带来危害，必须引起重视，施工场地需设置卫生医疗室，配置各种防护用品，做好防治措施，见图 7-6 和图 7-7。

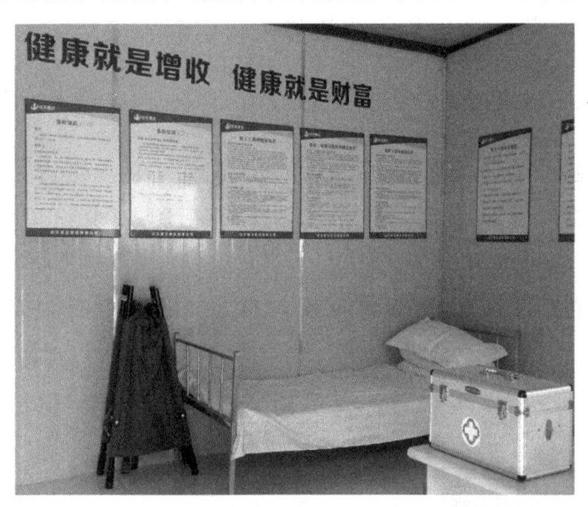

图 7-6　卫生医疗室

7.4.1 木屑粉尘

7.4.1.1　产生原因

木质材料切割、打磨时，会产生细小的粉尘颗粒。

图 7-7 各种防护用品

7.4.1.2 危害程度

粉尘进入人体后主要可引起职业性呼吸系统疾病，对上呼吸道黏膜、皮肤等部位产生局部刺激作用可引起相应疾病。

7.4.1.3 防治措施

① 作业前，检查本施工现场的排风扇、电扇是否正常运转。

② 经常在作业区域洒水喷雾，能有效地减少粉尘的产生和飞扬，并能有效地防止二次扬尘。

③ 木工在作业区域内必须戴好职业卫生防护用品，口罩要经常清洗，保持洁净，防尘口罩要按规定更换滤纸、滤布。

④ 保持作业场所通风，自然通风较差的要使用机械通风。

7.4.2 噪声

7.4.2.1 产生原因

主要来源于各机械在使用过程中产生的噪声。

7.4.2.2 危害程度

给人带来烦恼，影响人们工作、休息，长期接触强噪声会引起听力下降等综合症。

7.4.2.3　防治措施

① 木工进入噪声区域或使用噪声较大的机具时，佩戴耳塞。
② 在噪声较大区域连续工作时，宜分批轮换作业。

7.4.3 化学物质

7.4.3.1　产生原因

木制品使用的涂料、胶黏剂等含有有毒物质。

7.4.3.2　危害程度

在施工作业工程中，木制品中所含的有毒物质或气体通过直接触碰或呼吸道感染等，个别会导致皮肤过敏，头晕目眩等症状。

7.4.3.3　防治措施

① 选用材料要符合国家、地方检测标准的环保型材料。
② 作业时必须戴好职业卫生防护用品，口罩要经常清洗，保持洁净。
③ 保持作业场所通风，自然通风较差的要使用机械通风。

7.5 绿色环保施工

建筑装饰装修施工中，为了保护和改善生活与生态环境，装饰装修木工应了解行业发展动态，并掌握绿色施工技术。

7.5.1 施工新技术应用

① 掌握装饰工程质量通病中，有关顶面、墙面、地面木饰面变形和裂缝防治技术。

② 结合计算机在现场施工中测量、放线、放样等的应用技术。

③ 提高木制部品、部件（木门及门套、木饰板、踢脚板等）实现工厂化、成品化及现场组合安装技术。

④ 应用高强度、抗裂、抗老化胶黏剂的黏结施工技术。

⑤ 应用新型保温材料、新型隔音材料。

⑥ 应用小型金属活动脚手架，吊装搬运、测量放线、安装维护等机具。

⑦ 应用多模直线砂光机等多用途手提机具。

7.5.2 绿色环保材料

绿色环保材料是指对环境和人体健康产生最小危害的装饰材料，是绿色环保施工的基础。

① 装修材料进场必须检验，发现不符合设计要求及《民用建筑工程室内环境污染控制规范》（GB 50325—2010）（2013 版）的有关规定时，严禁使用。

② 人造木板及饰面人造木板，必须有游离甲醛含量或游离甲醛释放量检测报告，并应符合设计要求和规范规定。

③ 水性涂料、水性胶黏剂、水性处理剂必须有总挥发性有机化合物（TVOC）和游离甲醛含量检测报告；溶剂型胶黏剂必须有总挥发性有机化合物（TVOC）、苯、游离甲苯二异氰酸酯（TDI）（聚氨酯类）含量检测报告，并应符合设计要求和规范规定。

7.5.3 绿色环保施工

绿色环保施工是指装饰装修施工周期内，在保证质量、安全等基本要求的前提下，通过科学管理和技术进步，最大限度地节约资源与减少对环境有负面影响的施工过程。

① 贯彻执行《环境管理体系标准》、《民用建筑工程室内环境污染控制规范》、《建筑施工场界噪声限值》、《建筑工程施工环境保护工作基本标准》、《建筑施工安全检查标准》等规范、规定，实施

工地标准化施工。

② 严格执行“室内装饰装修材料有害物质限量”等 10 项标准，加快技术进步和创新步伐，选用绿色环保型板材，调整施工工艺结构，加强室内装饰装修材料污染的控制。

③ 根据装饰木饰施工图所示，先在施工现场，对装饰木制饰面安装位置进行测量、放样工作，绘制成便于工厂加工的部件图纸，经确认审核后，再在工厂大批量加工制作成成品或半成品，打包运至施工现场，装饰装修木工进行现场安装、组装。这样既对木材资源合理利用，又缩短工期，减少垃圾对环境的污染。

④ 涂料、胶黏剂、处理剂使用后及时封闭存放，不但可以减轻有害气体对室内环境的污染，而且可以保证材料的品质。使用剩余的废料要及时清出室内。

⑤ 在进行饰面人造板拼接施工中，为了防止芯板向外释放过量甲醛，要对断面及边缘进行封闭处理，防止甲醛释放量大的芯板污染室内环境。

⑥ 严格按监管机构规定工作时间进行施工，尽量在规定的施工时间内进行施工，并尽量避免噪声大的机具同时施工。

⑦ 噪声较大的电锤打孔、圆盘机木材锯裁时，采用隔音处理和局部吸音处理，尽最大努力将噪声降到最低限度。

⑧ 粉尘较多的木作砂光工程，单独围护施工，施工时尽力减少粉尘污染，作业人员戴口罩，减轻对人身健康的危害。

⑨ 对工地产生的装饰垃圾进行分类处理，较大块的木质边角料及可能利用的集中整理，以便于加工利用。

参 考 文 献

[1] 中华人民共和国行业标准. JGJ/T 304—2013 住宅室内装饰装修工程质量验收规范. 北京：中国建筑工业出版社，2013.

[2] 中华人民共和国国家标准. GB 50210—2001 建筑装饰装修工程质量验收规范. 北京：中国建筑工业出版社，2002.

[3] 中华人民共和国国家标准. GB 50209—2010 建筑地面工程施工质量验收规范. 北京：中国计划出版社，2010.

[4] 胡德生，宋永吉. 古典家具收藏入门百科. 长春：吉林出版集团有限责任公司，2006.

[5] 中国建筑装饰协会培训中心组织编写. 建筑装饰装修木工. 北京：中国建筑工业出版社，2003.